# 你自己靠自己的样子，

# 真的很美

乐道　著

吉林文史出版社
JILIN WENSHI CHUBANSHE

**图书在版编目（CIP）数据**

你自己靠自己的样子，真的很美 / 乐道著. -- 长春：
吉林文史出版社, 2019.2

ISBN 978-7-5472-5988-7

Ⅰ.①你… Ⅱ.①乐… Ⅲ.①成功心理—通俗读物
Ⅳ.①B848.4-49

中国版本图书馆CIP数据核字(2019)第036129号

**你自己靠自己的样子，真的很美**

出 版 人　孙建军
著 　 者　乐　道
责任编辑　弭　兰　赵　艺
封面设计　韩立强
出版发行　吉林文史出版社有限责任公司
地 　 址　长春市福祉大路出版集团A座
网 　 址　www.jlws.com.cn
印 　 刷　北京楠萍印刷有限公司
版 　 次　2019年2月第1版　 2019年2月第1次印刷
开 　 本　880mm×1230mm 　 1/32
字 　 数　140千
印 　 张　8
书 　 号　ISBN 978-7-5472-5988-7
定 　 价　38.00元

# 前　　言

我常常在想，最美好的人生，究竟是什么样的？

关于这个问题，其实并没有统一的标准答案。但唯一可以确定的是，所有那些在我们看来美好的人生，其实都是在时间和精力的堆砌中创造出来的，是在日复一日的坚持和源源不断的努力中打拼出来的。

没有伞的孩子，只能努力奔跑。

努力工作，是为了在残酷的竞争中找到属于自己的一席之地，拥有养活自己的资本，实现理想和抱负；

努力生活，是为了不辜负美好的时光和青春的年华，把平凡的每一天过得更快乐、更诗意、更有价值；

努力去爱，是为了点亮生命的火炬，在凉薄的岁月和枯燥的生活中，寻找那蕴含在情感内核里的点滴温暖。

努力做更好的自己，是为了获得物质上的满足、精神上的自信，将命运牢牢掌握在自己手中。

这是一个飞速变化的世界，也是一个现实而势利的世界，在人生的轨道上，如果你懈怠，如果你停滞，你就会原地踏步，你与别人的差距就会无限拉大。

遗憾的是，如此浅显的道理，在现实生活中却有人并不懂得。他们要么贪图一时安逸，将大把大把的时光浪费在贪图享乐和虚度光阴之中；要么心存侥幸，试图通过更简单、更轻松的方式走出人生的捷径。当时光飞逝，他们回望一无所有的自己，才无限遗憾地感叹：早知今日，何必当初！

可是，一切都来不及了。

每个人的人生都只有一次，在这有限的时光里，你能为自己留下的最好的记忆和最美的样子，便是好好努力！

本书是一本暖心的励志佳作，以温情的笔触、暖心的语言，全方位、深层次、多角度阐述了努力的重要性，以期为迷茫而困惑的你拨开生活的云团，指明人生的方向。

阅读此书，你可以重新找到努力的动力，拥抱更好的自己。

人生没有捷径，当你踮起脚尖，踏着岁月去追逐梦想时，不要妄想大路平坦。只有当你不顾一切，以最美的姿态坚持走下去的时候，荆棘才会开出灿烂的花朵。

天道酬勤，你努力的样子，才最美丽。

# 目　　录

Chapter 1　你必须要很努力，才能看起来毫不费力 ········· 1

没有"公主命"，就别得"公主病" ···················· 2

你吃过的苦，终究将化为生活的甜 ·················· 6

所有的成功，都是时间的礼物 ··················· 10

没有哪一种出色来得轻而易举 ··················· 14

多一分磨砺，才能多一份强大 ··················· 19

没有永远靠得住的肩膀，只有永远靠得住的自己 ·········· 23

Chapter 2　所有杀不死你的，都会让你变得更强大 ·········29

你可以贫穷，但你不能卑微 ···················· 30

勇敢做越挫越勇的那一个 ····················· 35

人生的每一次"败笔"，都是对自己的历练 ·············· 39

年轻无极限，就是不妥协 ····················· 42

生活虐我千百遍，我待生活如初恋 ················· 45

即使流泪，也要微笑前行 ····················· 50

Chapter 3　心有多大，舞台就有多大 ···············55

包容人生的每一种不完美 ····················· 56

不要在本该奋斗的年纪却选择了安逸 ………………………… 59

不要让别人的眼光杀死了自己的梦想 ………………………… 64

事业是女人能够独立的重要基石 ………………………… 69

孤单是一个人的狂欢 ………………………… 73

宽容别人等于宽容自己 ………………………… 77

幸福的大小由心而定 ………………………… 81

Chapter 4　职场有多无情，你就要有多清醒 …………………85

把兴趣当作事业真的可以吗? ………………………… 86

有什么道理是你工作之后才知道的? ………………………… 90

职场升职图鉴 ………………………… 93

别以为谁都要害你，奋斗的人根本没空搭理你 ………………… 99

为什么比你优秀的人还比你更努力? ………………………… 102

Chapter 5　高情商的人，从不为难别人 ………………………… 105

你需要学会"对事不对人" ………………………… 106

要学会建立人际关系网 ………………………… 109

请停止无效社交 ………………………… 112

真诚是缓和针锋相对的一剂良药 ………………………… 116

情绪化的人如何做好情绪管理 ………………………… 120

你以为的耿直，在别人眼里就是情商低 ………………………… 125

Chapter 6　不忘初心，保持自我 ………………………… 129

不忘初心，勇敢挑战未知 ………………………… 130

没有今天就没有明天 ………………………… 134

职场中，压力和机遇并存 ………………………… 139

要有面对失败的勇气 …………………… 144

不可忽略工作上的小事 …………………… 147

薪水很重要，但别忘了你的抱负 ………………… 150

Chapter 7　对待家人和朋友的态度，是你最真实的人品… 153

别把最坏的脾气留给最亲近的人 ………………… 154

异性朋友，多多益善 …………………… 157

用拥抱表达出对家人的爱 ………………… 160

圈子不同，何必强融 …………………… 163

朋友不一定要在身边，但一定是在心底 …………… 167

朋友的伤痛，不该由你承担 ………………… 170

Chapter 8　你若盛开，蝴蝶自来 ………………… 175

既有稳定的能力，也有离开的勇气 ……………… 176

不是拼命对他好，他就会爱你 …………………… 179

他不爱你，不代表你不好 ………………… 182

让他也付出，我们的爱情才算完整 ……………… 186

爱的痛了，勇敢放手是最好的结局 ……………… 190

名花有主，就别做备胎的美梦了 ………………… 194

与其将就，不如高质量的独身 …………………… 198

Chapter 9　且行且思，绽放芳华 ………………… 203

单身是最好的升值期 …………………… 204

你若娇气，生活反而更失意 ………………… 207

想要自由，先学会自律 …………………………………… 211

事有轻重缓急，如何处理更高效? ……………………… 215

宁愿走得慢，也不要走得乱 ……………………………… 219

Chapter 10　人生苦短，必须性感 …………………………… 223

不想认命，就得努力改变命运 …………………………… 224

你若真正强大，又何需依靠他人来包装自己 …………… 228

当你优秀时，连"敌人"都会为你喝彩 ………………… 232

让自己活出高级的姿态 …………………………………… 237

你的褶褶生辉，源于你对生活的热爱 …………………… 241

再不用力活，真的就老了 ………………………………… 245

# Chapter 1 / 你必须要很努力，
## 才能看起来毫不费力

很多人都会有这样的感慨：自己的能力配不上自己的野心。而那些被命运厚待的人，活成了自己想要的样子，不是因为天分，而是因为自己足够努力。所以你应该更努力，不辜负自己所承受的苦难，时间会证明一切，努力靠自己才会让你更加强大和坚韧。

# 没有"公主命"，就别得"公主病"

在地铁上，无意间听到了一个女孩的电话，大约是在和闺蜜吐槽自己的男朋友。

女孩在电话里说，男朋友一穷二白，没钱、没事业也就罢了，还总是处处不顺自己的心意，前两天过恋爱纪念日，竟然只带她吃了一顿火锅，连礼物都没有准备……下午两三点的地铁上，人并不多，女孩趾高气扬又愤愤不平的声音在空旷的车厢内飘荡。我不禁在心里暗想，现在的女孩子，都这么现实而矫情吗？

在成长的过程中，相信每一个女孩都曾受过类似"别低头，王冠会掉"的鸡汤荼毒，以为自己天生就是衣来伸手、饭来张口的高傲娇惯的公主。问题是，在担心王冠会不会掉的时候，又有多少女孩曾经认真地审视过自己，头顶究竟有没有王冠？要明白，王冠不是我们想戴，就有资格、有资本戴上的。换言之，如果没有公主命，就不要让自己得"公主病"，至于让自己"病入膏肓"，就更不应该了。

在生活中，我曾经遇到过很多类似的"公主"，她们大多把自己活成了莫泊桑小说《项链》里的女主人公玛蒂尔德。这些女人通常都有一副楚楚动人的好面孔，却苦于没有遇到高富帅暖男的好运气，最后兜兜转转，只好凑合选择了某个还过得去的平庸之辈，或者干脆待字闺中。日子过得安逸平淡，倒也幸福美满，只是比起真正的白富美，始终差了那么一大截。

大约是觉得自己的生活辜负了自己的容貌，她们总是让自己处在唉声叹气的氛围里，不是感叹自己嫁得不如意、婆家太穷、老公不给力，就是抱怨生日没有收到贵重体面的礼物、买不起名牌包包、用不起奢侈护肤品……对于她们来说，"公主脸""公主心""公主病"都有了，却独独没有"公主命"。

我不喜欢这样玛蒂尔德式的女人，或者说，我不喜欢她们的生活态度。似乎在她们看来，自己所有不幸的根源都在于别人，而不在于自己。

我不明白的是，如果没有钱买贵重的礼物，如果喜欢名牌的包包和化妆品，为什么要指望别人，而不是自己努力去挣钱？我更不明白的是，不自己挣钱就算了，为什么当别人无法满足她们这些美好愿望的时候，她们却将满腔的怨气全部发在了那个在她们看来理应为她们鞠躬尽瘁的"别人"身上，如父母、老公、男朋友。

或许，在她们的观念里，女人天生就应该负责貌美如花，而赚钱养家本身就是男人应该做的事情；又或许，她们能够举出一大堆姿色平庸甚至远远不及自己的人却最终圆梦豪门，过上了阔太太生活的案例，以此来证明自己的"不幸"。然而，她们却忽略了这个世界上还有一种活法叫"自力更生"。当她们在遗憾、抱怨、愤恨的时候，她们其实都忽略了最重要的东西，那便是除了别人，能给予她们想要的生活的、能让她们过得更满足的还有她们自己，还有努力和奋斗！

作为一种富贵病，"公主病"在生活中并不是人人都生得起的。安徒生笔下那个隔着二十层床垫都能感知到一粒豌豆的著名的豌豆公主，大约就是"公主病"的鼻祖，只是这样的女孩，本身就是含着金汤匙出生的富贵公主，本身就要风得风、要雨得雨；而那些怨天尤人的假"公主"们，可能连独立养活自己都困难，又如何能奢求这种娇惯金贵的生活？

当然，如果你一定要过公主一般的生活，也不是完全没有可能的。前提是，你得首先在打拼中把自己活成一个"王室贵族"。

永不服老、操着一口娃娃音、总是一副公主形象示人的伊能静，便是一个典型的"公主病"患者。然而这样一个出生于支离破碎家庭、从小过着寄人篱下生活的女人，之所以能"公主"一辈子，即便是在和庾澄庆离婚的那些年里，依然可以风轻云淡，甚至在后来还嫁给了小自己十岁的秦昊，正是因为在漫长的岁月中，她已经通过自己的努力和奋斗，硬生生给自己铺就了一条"王室"之路，为自己挣下了一条"公主命"。她依靠的，始终是她自己。

再反观我们身边的那些"公主"们呢，她们最大的问题其实不是"公主病"，而是将当"公主"的愿望寄托在了别人身上，把身边所有的人都当成了为自己服务的"骑士"。她们并非不要强，只是她们的要强只用来要求男人罢了，对自己，她们则更强调柔弱和金贵。

刚毕业的时候，我曾和一位学姐合租过房子。学姐很漂亮，身材也性感，常常教导当年的我"女孩子就是要被拿来宠的""女孩子最重要的任务就是要给自己找个可以让自己下半生衣食无忧的靠山"。在这样的观念支配下，年纪轻轻的她就奋战在了相亲的第一线。当时，月薪两三千元的她，却要求对方必须经济实力雄厚，而她见过的每一个相亲者，在她的描述中都成为千年不遇的奇葩，要么是送她的见面礼太寒酸，要么是请她吃饭的饭店档次太低……

你看，这就是"公主病"的可怕之处。像这样的女孩，她们既想过安稳幸福的生活，却又不肯付出自己的努力，她们总是觉得全世界都应该围绕着自己，并且理所当然地把自己的生活重担交给了别人。但问题是，在这个世界上，每个人都有自己的重担要背负，别人凭什么要为你的矫情买单？更重要的是，当你在"公主病"的侵蚀中欲求不满的时候，你丢掉的可能正是能为自己赢得美好生活的奋斗机会。

与其把时间浪费在养尊处优上，将精力花费在伤春悲秋上，不如收起自己的"玻璃心"和"公主病"，趁着年轻，去追寻、去奋斗，去脚踏实地地一点儿一点儿接近自己真正想要的生活。别再信奉所谓的"别低头，王冠会掉"了，你本身就不是公主，又何惧王冠掉落呢？今天你弯下的腰、吃过的苦，其实都是为了明天能真正将王冠捡起来。

# 你吃过的苦，终究将化为生活的甜

前段时间和大学室友聚会，我们几个告别了青涩、已经为人妻为人母的大学同窗，在分别了数年后又重新聚在了一起。多年不见，当年单纯的我们都拥有了自己的人生轨迹，而这其中，尤其让我感慨的是薇薇和小阳两位好朋友的不同命运。

我们一个宿舍六个人，大四那年，只有薇薇和小阳选择了考研。遗憾的是，那一年，两个人都没有考上。

因为心中的梦想没有实现，两个人多少有些不甘心，于是便互相鼓励，决定再一起奋战一年。就这样，毕业后，当我们纷纷踏入了职场的时候，薇薇和小阳却一起在学校旁边合租了一套小房子，开始了自己的备考生活。

考研的生活是很苦闷的，每天六点，两人准时起床，简单地梳洗过后，便去自习室占位子，然后便一头扎进漫无边际的题海中，直至自习室关门。因为上一年考研的失败，两个人的内心深处多少背负了一些压力，所以，与其说是复习，其实更像是一场人生的煎熬。

那一年，因为发挥失常，两个人又双双落榜了。当时，薇薇决定再奋战一年，便邀约小阳一起。而小阳却在连续的失败中产生了一丝懈怠，又因为考研实在太苦，她不愿意再重复那种黑暗无边、看不到希望的生活，不愿意再经受每天两点一线、毫无生趣的煎熬日子，她向往外面的世界，想要奔赴自己新的人生，于是便决定放弃。

其实，薇薇也觉得考研很苦，但因为舍不得放弃，所以选择了坚持。

小阳运气不错，告别了考研岁月后，很快就找到了一份还算安稳的工作，虽然工资不高，但脱离了那种煎熬的学生生活后，小阳就像重新回到了天空的小鸟，自由奔放，快乐翱翔。

在小阳找到了自己新的人生方向的时候，薇薇仍然在考研的苦海里奋战着。有时候，她也想放弃，她也觉得绝望，可是一觉醒来，依然会准时去自习室报到。

功夫不负有心人，第二年春天，薇薇终于熬过了寒冬，迎来了春天，考取了自己心仪学校的研究生。

结果出来的那一天，薇薇给我打电话，在电话里说着说着就突然痛哭起来。三年的时间，她扛过了屡次失败的打击，承受了别人都在工作自己却花着父母钱的压力，她过着看不到希望、苦行僧一般的生活，而这些苦，终究都化成了糖，变成了那一张走进理想大门的通行证。

而小阳在那个春天也有收获。她遇到了自己的真命天子，和一位同事相爱了。到这时，两个人的人生看起来都还是很不错的。

读研的第二年，薇薇我们一起参加了小阳的婚礼。那一天，看着满脸幸福的小阳，薇薇曾感慨地说，如果当初自己没有选择考研，也许如今也成为了美丽的新娘。

读研期间，薇薇依然刻苦。后来，她被导师推荐，去国外做了一年的交换生。再回来的时候，小阳已经是一位一岁孩子的妈妈了。

再后来，薇薇又继续读完了博士，毕业后顺利地留校任教。在某次研讨会上，薇薇认识了同样博士毕业、做科研的老公，没多久就步入了婚姻殿堂，日子过得十分幸福。到这时候，她和小阳的命运也开始走上了不同的道路。

生完孩子后的小阳，休完产假回到职场，发现原来的位置被新人顶替了，只好换岗从头再来。然而，烦琐而辛苦的工作让她十分不适应，再加上孩子没人照顾，索性就辞职做了全职太太，每天忙于孩子和家庭，日子过得十分苦闷。

更致命的是，家庭主妇做久了，之前很爱她的老公在升职后，开始嫌弃她跟不上时代，不仅言语间开始有了轻蔑的态度，更是有了出轨的倾向。小阳后来也试图重新回到职场，可是在家的那几年，使她之前积攒的那点工作经验几乎全忘光了，再找工作一点儿优势也没有，尝试了几次就灰溜溜地放弃了。

如今，小阳的生活过得十分苦闷，没有工作，和老公关系冷淡，唯一的安慰，大概就是孩子可爱懂事。

这次聚会的时候，薇薇刚刚陪老公去国外参加交流会回来。当我们围着薇薇观看他们夫妻在国外旅游的照片时，小阳在一旁喝着红酒感叹，如果当初她没有因为怕苦而放弃考研，如果她再咬牙坚持一下，也许今天她的生活便不会是这样的光景。

可是人生，没有如果。

明明当初是两个人一起奋斗的，面对同样的煎熬，薇薇选择了咬牙坚持，最终，她吃过的所有苦，全部化为了生活的甜；而小阳因为不堪忍受而中途退出，最终品尝了更大的苦果。

薇薇和小阳的故事让我十分感慨。人生是一场旅行，大多数时候，我们并不知道后面的风景是什么，于是，在某个看似艰难的路口，我们选择了放弃自己，而正是这一次轻而易举的放弃，正是差了那么一点点坚持，我们的人生便很可能走上不同的方向，我们的生活便可能产生一系列的负面反应。

　　曾经在一本书上看到过这样一句话："山有峰顶，海有彼岸，漫漫长途，终有回转，余味苦涩，终有回甘。"在这混沌的世间，所有的一切都有高峰和顶点，苦难亦是。当到达了顶峰之后，苦难自然会产生奇妙的化学反应，一点点转换成甘甜。

　　所以，当你感觉熬不下去的时候，当你感觉困苦不堪的时候，不要灰心，更不要轻言放弃，而应该保持一颗平和乐观的心态，依然相信未来。在某一个不经意的瞬间，你的付出一定会得到回报。人生就是这样，只有吃得苦中苦，才能成为人上人。

# 所有的成功，都是时间的礼物

前两天和一位撰稿人朋友聊天，她的新书刚刚上市，销量不错，反响也很好。于是，我便表达了自己的祝贺，并由衷地感慨道："真羡慕你，这么有才华，不知道我什么时候才能取得和你一样的好成绩。"

朋友喝了一口茶，说："哪里有什么才华，不过是比别人早开始几年，多熬了几个夜而已。"

我摆摆手，示意她太谦虚。

朋友却笑说："真的不是谦虚，而是事实。其实我今天能取得这一点点成绩，和才华没有必然的关系，全是靠积累和勤奋得来的。要是真有才，我早就乘风而上了，不是吗？写作这个事情，就和卖包子是一样的道理，卖包子是卖多少，挣多少，写作也是写多少，得多少。作为一名职业撰稿人，如果我一年不写个几十万字，我基本就被淘汰了。"

朋友说得很轻松，但不得不说，这确实是一个令人心碎的事实。

回顾自己的写作生涯，又何尝不是这样呢？每个月，为了做出一点成绩，要写好几十篇稿子；为了寻找灵感和素材，要花费大量时间阅读，要和不同的人接触。赶稿的时候，常常连续几个星期不休息，熬到深夜更是家常便饭；当感觉疲惫的时候，甚至是生病的时候，也不敢轻易消极怠工。

正如曾经有人总结的那样："自由撰稿界的铁律便是，没有人强制你几点上班、下班，没有人逼迫你每月必须达到多少KPI，但如果你自己不强制自己、逼迫自己，你就会被淘汰。"

这个世界是公平的，我们看到的所有光鲜亮丽的成绩背后，其实都是时间的堆砌。对于任何行业的任何人而言，成功不仅拼头脑、拼人脉，更拼汗水、拼勤奋。

如果你觉得我的案例还不具有代表性，或许，你可以再看一下我朋友圈里的写作者们的生活。

小甲，一位刚入门不久的年轻新人，单篇稿酬不高，为了养活自己，她只能靠数量取胜，她最高的纪录是一天写了2万字。如今，裸辞的她收入虽然不及曾经做白领的时候，但仍然在孜孜不倦地耕耘，并且坚信自己一定会迎来熬出头的那一刻。

小乙，一位35岁的妈妈，每天清晨雷打不动6点起床，阅读，做写作规划，送孩子上学，回家写稿，下午出去洽谈商务合作，然后接孩子回家，晚上整理白天的稿件，深夜还要策划选题，日日连轴转。

小丙，一位小有成就的自媒体专栏作家，每月要参加无数场讲座、签售，还要带团队、跑业务，日程安排太紧，以致于没有时间看书、写作，只好利用吃饭空隙、休息空隙等一切碎片时间，熬夜看书、赶稿更是家常便饭。

不要以为只有写作圈这样，事实上，其他行业的竞争只会过犹不及。所以你看，在这混沌的世间，面对人生的艰难，谁不是在咬牙坚持，谁不是在卯足了劲活着，谁不是在用时间编织成功的梦想呢？

生活里没有意外和奇迹，这世上的每一种成功都绝非偶然或运气，而是因为坚持和拼搏。马云改写了商业历史，我们总是对其充满艳羡，却没有看到为了打造自己的商业王国，马云付出了比常人多十倍、百倍的艰辛和努力；周杰伦是陪伴一代人长大的全能偶像，我们总是对他的才华充满赞叹，却看不见他为了写一首动听的歌而夜以继日地沉醉在一堆音符中；科比是深受人们喜爱的明星球员，我们总是惊叹于他在赛场上那一次次精彩的进球，却想象不到他为了提高自己的球技，不分日夜地在冷清的球场上一遍遍练习。

正所谓台上一分钟，台下十年功，很多时候，当我们看到别人成功、羡慕别人成绩的时候，我们往往只会认为是别人运气好，或者别人有才华，却总是忽略了别人为那份成功、那份成绩付出的时间、精力和汗水。

在这个人才辈出的时代，有才华的人比比皆是，靠才华取胜已经远远不够了。要想在人群中脱颖而出，要想做成一番事业，要想取得一些成绩，还需要比拼才华以外的其他部分，如勤奋、付出的时间。

现在这个社会似乎存在一种通病，那便是年轻人总是渴望快餐式的成功，恨不得这一秒付款，下一秒就能享用美味。于是，许多人选择了报一些诸如"三天学会""五天掌握"之类的速成课程。殊不知，这些课程即便能教会你一些东西，这些也只是简单的框架，真正想做出一些了不起的东西，你必须要用大量的时间和精力去填充这个框架。

这世上最真实的甜，从不来自速成。曾经有一位好朋友因为写不出满意的文章，半夜打电话给我，在电话里痛哭，然后问我："我是不是不该吃这碗饭啊？"

我说："如果你真的这么想，并且放弃了，那么，你就真的止步了，真的吃不了这碗饭了。我们这个行业，淘汰的便是那些半路止步的人。写不出来有什么关系呢？睡一觉，或者放松一下，继续写下去，今天你写了1 000字，那么一个月后，你就写了3万字，长此以往，你离几十万字，甚至几百万字就不远了。"

每一种成功都是时间的积累，对任何一个行业而言，所谓的合适，其实就是一个字：熬。

感觉累的时候、辛苦的时候，熬下去；感觉想放弃、坚持不下去的时候，熬下去；感觉不想熬的时候，继续熬下去。要相信，所有的成功，其实都是时间赐予我们的礼物。

# 没有哪一种出色来得轻而易举

这两年，大器晚成的民谣歌手赵雷彻底火了。许多人将赵雷的成名归结于运气；也有许多人对此不以为然，因为喜欢民谣的人都知道，其实在民谣圈，赵雷已经火了很久了。而在我看来，赵雷的火，其实是一种必然。

我曾经看过一个关于赵雷的专访节目。当时，记者走进了赵雷在北京的家，说是家，其实只是一间破旧的小平房。在节目中，赵雷提起了自己曾经在北京的地下通道卖唱的经历，以及那些在酒吧唱歌的日子。其间，赵雷有点沮丧，他说，面对一群不懂音乐的买醉人，其实是一件很痛苦、很无奈的事情。尽管如此，他依然感谢那段经历，毕竟对于一个视音乐为生命的人而言，没有什么事情比有唱歌的机会和唱歌的场所更幸福的事情了。

2010年，怀揣着一份爱唱歌的热情，赵雷参加了当年的《快乐男声》，并顺利进入了20强，尽管只是惊鸿一瞥，但好歹算是走进了大众视野。后来，他自己发行了一张唱片，结果却血本无归。面对重创，赵雷没有选择退缩，也没有选择转行，而是依然带着那颗热爱音乐、热爱民谣的心继续蛰伏。

终于，七年过去了，凭借着多年的坚持，凭借着脚踏实地，凭借着那股不屈不挠的韧劲，凭借着对音乐的热爱，赵雷真正迎来了事业的春天。

和许多人一样，我也喜欢赵雷，除了欣赏他的才华，我更佩服他身上那种坚韧和踏实，也正是这份坚韧和踏实，让他成为民谣圈里为数不多的被大众广泛关注的歌手。从赵雷的身上，我明白了一个道理：这世上所有的成功都是有迹可循的，从来就没有哪一种出色是轻而易举得来的。

如今，在现实的生活中，许多年轻人总是梦想着功成名就，总是想做一番大事，总是看不上小打小闹的工作，总是遇到困难就轻易退缩。我的堂弟就是其中之一，和许多野心勃勃的年轻人一样，"95"后的他，也总是想比别人强、比别人好，却始终苦于没有机会。为此，他常常在我面前抱怨领导不重视他，总是安排他打杂。

几乎每一次，我都会劝他踏实一点儿，一步一个脚印，慢慢来，先把手头的工作做好。而他，也总是用雷军的那句"别用战术上的勤奋代替战略上的懒惰"来反驳我。在表弟看来，方向比速度重要，选择比努力重要，宝贵的时间应该花在最应该做的事情上。

我理解他的抱怨和心塞，作为重点大学的新闻系学生，毕业后，表弟顺利进入了一家报社，每天写一些不痛不痒的稿件。而这样的工作，与他理想中的跟踪大事件、采访大人物，然后一鸣惊人显然是有巨大差距的。

不久前，报社要改革成立新媒体中心，晚表弟一年进报社的同事被内推成为中心主任，这让表弟很不服气。在他看来，那位同事学历不如他，资历不如他，人缘更不如他，实在没办法和他抗衡。为了表达不满，表弟还专门向单位请了一个星期的病假。

上周末，我正好有空，便决定请他吃顿饭，顺便开导开导他。哪知，在电话里，表弟却一本正经地告诉我，他想通了，并且输得心服口服。

原来，在这之前，报社领导曾专门找表弟谈了一次心。也正是这次谈心，让表弟看到了自己和同事的差距。在过去的几年里，虽然表弟确实比同事多采访了一些重要的、高层次的对象，可几乎每一次，对于那些难缠的对象，他都以失败告终。反倒是那位同事，无论对方多不配合，无论骨头多难啃，最终都能圆满完成任务。

例如，有一次报社策划了一个邻里矛盾的选题，本来是交由表弟做的，可是表弟跑了几天发现，这个新闻不仅采访难度大，涉及的人物复杂，而且也出不了成绩，便选择撂挑子不干了。后来，是那位同事接过了这个烂摊子，在走访了无数群众、吃了无数次闭门羹后，完成了任务。

电话里，表弟感慨道，自己实在是太自以为是了，总想做一番大事，却不知道所有的大事都是从一件一件的小事中历练而来的；总以为别人是靠"套路"赢得了机会，却不知道别人的出色其实也来之不易。

诚然，这世上每一个出色的人，都是一步步脚踏实地地拼出来的。很多时候，我们自认为自己是做大事的人，对烦琐的小事不屑一顾，不愿意去坚持、去努力，其实不过是我们在给自己的懒惰和不想找借口，是我们在欺骗自己，让自己以为成功可以走捷径。

正所谓台上三分钟，台下十年功，大多数时候，我们只看到了别人表面的风光，却看不见为了这份风光暗地里下的苦功、付出的辛勤、承受的艰难。成功从来就不是随随便便的事情，任何人之间的差距，无非是在点点滴滴的积累中拉开的。

在如今这个喧嚣的时代，因为忙碌，也因为浮躁，越来越多的人已经没有时间静下心来，去认认真真、专注持久地做一件事情。在工作中，我们总是在寻找所谓的"套路"，我们总是不屑于那些平凡的小事，我们总是不肯一步一个脚印。甚至，我们还总是安慰自己：

我只是不想把时间和精力浪费在无用的事情上，我只是想更高效。殊不知，其实当一个人不肯努力、不肯付出、不肯勤奋的时候，所有的"套路"都是弯路。那些连一件小事都做不好的人，又凭什么能做得好大事呢？

印象很深的是在赵雷的专访里，记者问道："你是如何看待是金子在哪里都会发光的？"

低调的赵雷真诚地回答说："这个世界上金子有很多。"

的确，在民谣圈，有才华、有梦想的大有人在，可是却没有几个能像赵雷一样，脚踏实地、肯吃苦、肯坚持、永不言弃，他们大多在时光的更迭里，为了生计另谋出路，或者为了成名而随波逐流。所以，最终成名的是赵雷，而不是他们。

美国华裔女教师Angela Lee曾这样说道："在学校里和生活中的表现好坏并不取决于一个人的智商，也不是外貌和身体状况，而是意志力。"而所谓的意志力，其实就是指对目标日复一日地不懈追求。

生活在这个世界上，我们每个人都渴望出色、渴望成功、渴望实现自己的人生价值。问题是，又有多少人为了这份渴望，实实在在地付出过努力和坚持呢？

寿司之神小野二郎曾告诫我们："一旦你决定好职业，你必须全心投入工作之中，你必须爱自己的工作，千万不要有怨言，你必须穷尽一生磨炼技能，这就是成功的秘诀。"

小野二郎的徒弟也曾在接受采访的时候这样说道："你没学会拧毛巾，不可能碰鱼。然后你要学会用刀，过了十年之后，师傅会教你煎蛋。我以为自己没问题，但真的开始煎蛋时却一直搞砸。三四个月间，我做了200多个失败品，当我终于做出合格品时，师傅说，这才是应该有的样子。于是，我高兴地哭了。"

你看，这便是厨神的炼成之路。人们往往只知道寿司好吃，却不知道为了这一顿美味，寿司师傅们背后所付出的艰辛和努力。大部分时候，与那些出色的人相比，我们之所以显得平庸，其实并不是我们缺少运气，也不是我们能力不够，而往往是因为我们缺少了最重要的那一份努力和坚持，是我们自己在命运还没有下结论之前，首先选择了放弃自己。

最后送给大家一段我很喜欢的《牧羊少年奇幻之旅》里的话，希望与大家共勉：

"那个注定要让你为之奉献生命的东西，不会因为琐碎的生活而消失，它会不断地在你的心底涌现，直到有一刻你再也不能视而不见。如同贝壳中永远有大海的声音，因为这就是贝壳的天命。当你渴望某种东西时，整个宇宙都会合力助你实现愿望。而你表达渴望的方式就是去持续不断地做这件事。"

## 多一分磨砺，才能多一份强大

在漫长的一生当中，我们每个人都会在追梦的过程中遇到许多的挫折，面临许多的危机，事实上，这些挫折、危机也是一次难得的机会。如果你把握住了这个机会，那么，你就会收获成长；反之，如果你放弃了这个机会，那么，你就会退步。

曾经拜读过一位成功人士的自传，书中有一句话深深感染着我，让我至今依然印象深刻："成功者和失败者非常重要的一个区别就是，失败者总是把挫折当成失败，从而使每次挫折都能够深深打击他争取胜利的勇气；成功者则是从不言败，越磨砺，越强大。"

在生活中，我们总是无法避免地会遭遇一些黑暗，虽然逆境和挫折是我们不可左右的，但是对待逆境和挫折的态度却是我们可以选择的。诚如美国作家布拉德·莱姆在《炫耀》杂志上撰文写道的那样："问题不是生活中你遭遇了什么，而是你如何对待它。"面对挫折和逆境，如果你选择了惧怕和退缩，那么，你就会失去生活的勇气，成为一个彻头彻尾的失败者；相反，如果你选择了直面和抗争，那么，你就会在苦难中收获能力，变成自强不息的成功者。

提到在磨难中浴火重生的曼德拉，相信大家都不会陌生。1962年，时年43岁的曼德拉被南非政府判处了五年监禁，罪名是"非法出境罪"和"煽动罢工罪"，从此开始了自己漫长的牢狱生涯。服刑两年后，曼德拉再一次在著名的"里沃尼亚"审判中被南非政府判处了终生监禁，这一次，判决的理由是"企图暴力推翻政府"等四项罪名。

也正是在这次审判中，曼德拉发表了那段鼓舞人心的"斗争宣言"，让处于黑暗中的南非人看到了一丝耀眼的光亮：

"我的一生都献给了非洲人民的这场斗争之中。我为推翻白人统治而战，也为推翻黑人统治而战。我崇尚民主和自由的社会，在这样的社会里，所有人都和谐相处，都拥有平等的机会。这是我为之奋斗、并且希望能够实现的理想。但如果有必要，这也是我准备为之牺牲的理想。"

事实上，曼德拉的梦想很纯粹，就是要实现民主和自由。如果当时的他身处于一个开放的社会，那么这个梦想无疑就变得很简单。然而，在当时的南非，曼德拉为了实现民主和自由，却经历了一个漫长而曲折的过程。因为"绝不愿意以酋长的身份去统治一个受压迫的民族"，所以曼德拉放弃了成为酋长继承人的资格，甚至不惜付出牢狱的代价。

曼德拉的伟大，或许就在于他始终在为梦想而坚持、而努力，以及面对磨难，他始终保持的那淡然乐观的人生态度。

南非罗本岛监狱素以艰苦闻名，1964年，编号为466的曼德拉住进了这里，被关在一间不足4.5平方米的单人牢房。监狱里的犯人除了每日的一点放风时间，没有任何的生活乐趣。

每天，他们要在采石场搬运石头，动作稍慢便会遭受毒打。因为石灰石在阳光下具有极强的反光性，刺眼的白色强光损伤了很多囚犯的视力。曼德拉也没能逃脱厄运，尽管视线逐渐变得模糊，但他的目光却始终炯炯有神。

有一天，曼德拉在监狱里发现了一块空地，他大胆地向监狱长提议在这片空地上开辟一块菜园。监狱长甚至都没有等他将话说完，便粗暴地拒绝了他。但他并未灰心，后来的时间里，只要有机会，他便会向监狱长提议。或许是被他的坚持打动，或许是真心觉得方案可行，总之，在经过了无数次的拒绝后，监狱长答应了他的请求。

后来，每天的放风时间便成了曼德拉的种菜时间。

渐渐地，其他囚犯也会去帮忙；渐渐地，菜品越来越多，菜地也越扩越大，最后竟然变成了一个小型农场。

尝到了甜头的曼德拉又趁热打铁向监狱长申请组建一支球队。这一次，监狱长爽快地答应了他。就这样，囚犯们拥有了宝贵的周六踢球机会。随着越来越多的囚犯加入罗本岛球队，他们甚至拥有了自己的足协——"马卡纳足协"。

再后来，他们又争取到了其他球类项目，发展到最后，监狱里居然奇迹般地办起了"夏季奥运会"……

即便是身处"黑暗"的监狱，曼德拉也从来没有失去过理智、放弃过对生活的希望、改变过对梦想的坚定。面对人生的逆境，他没有选择消极应对，而是始终怀抱着一颗乐观、平和的心，以及一份宽容、坚定的品质，让自己的生活充满了生机和希望。

曼德拉曾经在自传中这样写道："即使是在监狱那些最冷酷无情的日子，我也会从狱警身上看到若隐若现的人性，可能仅仅是一秒钟，但它却足以使我恢复信心并坚持下去。"

曼德拉的一生注定是不平凡的，从曼德拉的身上，我们看到了他对梦想的坚持，也看到了他面对逆境时的乐观。也正是这份坚持和乐观，让曼德拉变得更强大。

有梦想是一件幸福的事情，它能让我们变得闪闪发光。而在追梦的路上，困难和挫折也是不可避免的拦路虎。对于追梦的我们来说，重要的不是这些拦路虎怎样出现、什么时候出现、以什么方式出现，而是我们对待它的态度。

多一分磨砺，才能多一份强大，不要惧怕挫折，更不要受困于逆境。打败它，在打败的过程中让自己变得更强大，或许，这才是我们最好的选择。

# 没有永远靠得住的肩膀，只有永远靠得住的自己

人生经历过一些事情，才会懂得一些曾经不懂的道理，人生的道路从来不会一帆风顺。别人能够给予你的只是一时的帮助，如果你总是依靠别人而活，那么你将永远无法抬起头来；但是如果你能够靠自己而活，拥有独立自主生活的能力，那么即使你的生活不会缤纷多彩，也是轻松自在、没有束缚的。

作为一个女人，你要知道很多时候，你能靠得住的只有自己，别人是不能够无时无刻在你身边帮助你的。即使你的没有高学历、高颜值，也没有强大的背景，这些也都不能成为你的遗憾。只有你坚定人生的目标，想好要走的方向，并且为之制订计划，这些才是你人生最重要的选择。

若是你决定踏出这一步，那么就要坚信自己的梦想，朝着这条道路一直走下去。你要证明自己的决定是正确的，这样才能实现自我价值。我们在这个世界上都是非常渺小、普通又平凡的存在，无论世界怎样变化，你能够依靠的也就只有自己。

人生在世，要为自己而活，不要看着别人的脸色说话做事。你的人生除了自己努力外，没有其他的捷径可选。你要知道别人对你的帮助只是锦上添花，自己的努力，才是真正的雪中送炭。

人生来都一样，不存在生命的高低贵贱之分，地球离了谁照样转，你离了谁也都照样活。可是你总是要离家，要独自生活的；你总是要学会天冷穿衣，下雨打伞的。

　　当你独自一人的时候，会感到周遭都寂静很多，你会觉得一人奋斗的力量有些吃力，但是尽管这样，靠自己而活会让人更有底气，不是吗？你要知道只有自己才会永远爱自己，只有自己才永远不会背叛自己。

　　有些女人，她们在婚姻的柴米油盐中慢慢地丧失了自我，琐碎磨去了她们的美丽和棱角，到最后她们被冠之以"怨妇"，甚至是"抹布女"的头衔，最终落得一个被抛弃的悲惨结局。这样的女人总是把自己的命运和全部希望寄托在婚姻上，孤注一掷，这实在是一种极其冒险的举动。如果她嫁的是一个品行端正又才华横溢、而且对家庭有责任心的男人，那就是她几世修来的福气。可是这样好命的女人在世界上真是少之又少，我们满眼看到的却是那些和男人们白手起家、功成名就之后却被抛弃的例子。于是，你会在电视上或报纸上听到或看到这样的字眼："傍大款""婚姻破裂""小三"等。我们不禁要问，现在的女人究竟是怎么了？

　　其实，归根结底还是自立的问题。一个女人首先必须能够自己养活自己，这是你的尊严所在，也是你可以靠自己的双脚坚强地站立在大地上的最重要的东西。

　　没有谁能够让你一辈子依靠，父母会老去，爱人会变，生活也会变，谁也不知道明天是什么样子的，只有自己才是能够完全相信的，不把自己逼到绝路，你永远不会知道自己有多么强大。

　　没有自立，女人何谈淡定的资本，何谈真正做自己，何谈过自己想要的生活呢？

　　一位传媒集团的女董事曾经坦言："自立对女人来说极其重要。如果你想做一个很自信、充满人格魅力的人，不自立你不可能做到，因为你可能处处都要向别人伸手。从小，我就希望自己做一个自立的人，有尊严地生活，靠自己养活自己。我觉得，家事与国事有异曲同工之处，女人如果没有经济地位，那就跟一个没有地位的国家一样，处处陷于被动。"

一个女人的淡定归根结底出自她的自立，她必须有自立的内心，有一份不依赖男人的、可以养活自己的经济来源。这样，在只剩下她一个人的时候，她才可以做到不依赖他人，她依然可以去做自己喜欢做的事情，轻松而自在。

比起那些依附于别人、用名表和名牌时装等来装扮自己的女人，自立而朴素的女人活得更有朝气，也更加从容、幸福。

淡定的女人都明白这样一个道理：没有人是可以永远陪着你从开始走到最后的，即使是最亲的父母。如果你身边的人离开了，自立就能让你好好地生活下去。同样，永远没有一个人是你离不开的，现在离不开的，不代表永远离不开。自立，可以让你在不爱了之后果断地放手，而不是为了生存还要和他痛苦地捆绑在一起。

关于自立，小晴感触颇深。她有幸在30岁的尴尬年纪钓到一名大家眼中的"金龟婿"，结婚那天的浪漫场景简直羡煞了她的好友们。

小晴是一家私企的人事，她长得很漂亮，身材也很棒，去年嫁给了一个富二代，辞职在家过着富太太的生活。

看起来风平浪静的生活其实早就已经狂风暴雨，有一次，她无意中在老公的微信上发现她老公给一个女人发消息："宝贝，今天不能去陪你了啊，明天一定去陪你。"

她看到了之后，质问她老公，她老公连辩解都没有，直接承认他早就不爱她了，要不是因为刚结婚没多久就离婚不太好，他早就跟她离婚了。

她看到她老公说了这些话，就对着她老公哭了起来，她老公也微微有些不忍心，开始安慰她。她告诉她老公："我怀孕了"。她老公非常高兴，也跟她保证，马上跟那个女人断了联系。

前几个月，她老公确实规规矩矩的，对她也特别好，可慢慢地，她老公总是第二天清晨才回来。她总想着等宝宝出生，老公也许就会承担起一个做爸爸的责任。

可等宝宝出生的时候，是个女儿，婆婆来了，冷嘲热讽一番便回家了，她老公来看看也走了。等到她出院回家之后，她老公跟她说："我们离婚吧，我外面的女人怀孕了，怀了男孩。"她一听顿时懵了，她婆婆知道她老公外面的那个女人怀了男孩，便也立刻来找她谈判，女儿她带走，抚养费用由他们家负责，给她300万元作为补偿。

她哭了一个晚上之后，在离婚协议上签字了，然后带着女儿马上离开了。她用离婚拿到的钱开始创业，一开始非常辛苦，她不得不把孩子放到自己的娘家。慢慢地，她的生意越做越大，而她的前夫却因为一次次的投资失利及生活挥霍而破产了。

如果当时她没有选择离开那个家，而是在那个家里委曲求全，不仅会被人践踏，而且最后什么也得不到。

幸运的是她选择了靠自己，明白了除了自己，没有谁可以依靠。

没有人可以一辈子陪在自己身边，只有自己才是自己最强的后盾。

人生中最阴暗的时刻从来都是自己一个人慢慢扛过去的，偶像剧里那样的陪你度过最艰难岁月的男二从来都不存在。

你一直都是女主角，可是并不是每一个女主角都会遇到一个爱你就像爱自己生命一般的男主角。

只有自己强大起来，不去依靠任何人，只有靠自己的努力获得的东西才更加可靠。

《延禧攻略》里的魏璎珞遇到了很多贵人，但是这一路上升级打boss所取得的胜利都是依靠她自己的智慧赢来的。

安全感和成就感都是自己挣来的，钱也是自己挣来的，只有自己愿意靠自己的努力去改变，那生活一定会有所改变。女人，当你不再依赖他人，不再为他人放弃自己的时候，你才会真正变得优雅、淡定，活出你自己的色彩来。

所以，女人不要让自己无所事事，因为无所事事只会让你变成一个与生活严重脱节的人，一个不折不扣的寄生虫。你必须学会做自己的主人，而不是男人的附属品。一本时尚杂志上有这样几条给女人的建议：①不当三瓶——年轻时是花瓶，中年时是醋瓶，老年时是药瓶；②不当三转——围着锅台转，围着老公转，围着孩子转；③做三忘女人——忘记年龄，忘记病痛，忘记恩怨；④做三养女人——修养、涵养、保养；⑤做三丽女人——美丽、能力、魅力；⑥做三独女人——思想独立、能力独立、经济独立。

因此，自立不仅是经济的自立，有一份可以养活自己的工作是最基本的；自立还包括思想的自立、能力的自立、心灵的自立。如果你的婚姻发生变故，即便一个人的旅途有点落寞，但如果你愿意，请远离怨妇的生活，自立可以让你学会享受一个人在路上的感觉。一首乐曲、一件美丽的衣服、一本好书等，这些都会慰藉你的心灵，使它丰盈而不会寂寞。

# Chapter 2 / 所有杀不死你的，
## 都会让你变得更强大

　　没有哪个人的一生会是一帆风顺的，一生中总会有风雨相伴，总会遇到荆棘和泥泞。努力靠自己的人才有能力面对一切苦难，有能力承受人生风雨。那些"杀不死"的人的苦难，终究会把人历练成最美的样子。

# 你可以贫穷，但你不能卑微

　　曾经看过这样一个报道：一个骑着三轮摩托车卖水果的小伙子，在路口不小心蹭到了一辆进口的奔驰并留下一道划痕。而车主或许是想要给小伙子一点帮助，所以仅仅要求小伙子赔偿1 500元的修理费用，但事实上要修补那个划痕的费用何止1 500。然而，车主自认为好心的做法却遭到路人们的谴责，他们不仅没有指责小伙子骑车时的莽撞，反而认为车主没有将好人做到底。

　　世人，尤其是那些贫苦大众，都认为有钱人不应该计较太多。我想或许那个车主是想做好人，但是又不想吃太大的亏，所以才想到这样一个赔偿部分修理费用的处理方式，但是却没有达到自己想要的效果，引来路人的不满和非议。于是车主气愤至极，干脆将赔偿提高到3 000元。

　　路人没有帮到小伙子，反而造成车主的"涨价"，于是他们的气势更甚，事态几乎要演变为路人和有钱车主之间的"战争"。此时，卖水果的小伙子拿出笔和纸，写下了3 000元的欠条，并将自己的联系方式和身份证号码一并交给车主。小伙子说："您放心，我一定会把钱还给您的，但我刚来上海没多久，没有挣到钱，等到这个月底我把水果卖完了，一定还，这个月不够，下个月继续，总之一定会还清的。"

　　小伙子的举动获得了路人的一直好评。人穷志不穷的态度才是人生该有的态度。

现在的人，无论生活得如意还是窘迫，总会把"没钱"挂在嘴边。当然，这也是现实所迫，在物价飞涨的年代，生活不易，尤其外来人在大城市生活更是举步维艰。他们面临着房价高、看病难等压力，没钱使得他们不得不向生活低头，把自己变得卑微。

虽说如此，但还是有那么一些人即使一无所有，仍然昂首地生活，在他们的骨子里，有一股不被穷酸打倒的坚韧。反观那些被穷酸气腐蚀的人，他们认为自己占这个世界的便宜是理所当然，因为他们穷。其实穷人最缺的不是钱，而是骨气。

每个人在得意之时，总是春风满面，自信满满。要看清一个人真正的价值观，唯有在他穷困失意之时。人唯有在看不起自己时才是卑微的，卑微的源泉永远不是来自他人，而是自己。

你认为人生最难熬的日子是什么时候？

连坐公交车都舍不得的时候？只住得起阴暗潮湿的地下室的时候？还是餐餐以泡面、馒头果腹的时候？

其实我觉得都不是，很多人接受不了这样的苦日子，是因为没有经历过从天堂跌落地狱的重大变故。只有前半生被上帝宠爱，后半生被命运摧残的人生才是最难熬的。

说到苦难，我总是会想起曾经的上海滩名媛郭婉莹郭四小姐。在那个动荡的年代，"上海最后的贵族"郭四小姐绝代风华，后来遭受人生变故的她变得贫困潦倒。

被保养的纤纤玉手被用来修路、剥冻白菜、洗马桶……然而即使生活与之前如云泥之别，郭四小姐却仍然保持着自己的那份从容和优雅：她在市场卖菜时仍然穿着高跟皮鞋；洗马桶时仍然穿着精致的旗袍；即使没有精致的茶具，她仍然坚持喝下午茶，哪怕是用粗糙的搪瓷缸；即使没有烤箱，她仍然每日清晨吃吐司，哪怕是用铁丝来烤。

每当有人和她谈起她劳动的辛苦时，郭四小姐总是微笑地说：正是因为如此，她才能保持着良好的身材。每当有人提及她曾经劳改的岁月时，她总是说：自己的苦自己知道就好，没有必要到处宣扬。郭四小姐总是保持自己这样高傲的姿态，无论何时何地，她总是让自己看起来优雅迷人，从来不愿意借助曾经受过的苦来博取他人的怜悯和同情。

无论是得意还是落魄，只有一直保持着自己坚韧的内心，仰起头做人，才能看透人生，看重自己。

我常常在想女人到底要怎么样才能过得好。有的朋友说，美丽是不可或缺的，她们觉得一个外表美丽的女人，即使性格上有缺陷，也会被忽略掉；也有一些朋友认为，唯有靠自己才能收获幸福的生活，没有人比自己更牢靠，花自己挣的钱才是王道……

众说纷纭，唯有一点是大家都赞同的，那就是"贵"的女人才能过上好日子。但是千万不要在"贵"上犯错误，"贵"不能盲目。

我曾经遇到过这样一个"贵"得恰到好处的女人。那一年，由于行业竞争日益激烈，公司不得不开拓三、四线城市的业务，所以常常要去条件比较差的地方出差，有些地方甚至没有肯德基、麦当劳，也没有舒适的快捷酒店，吃的是路边摊、大排档，住的地方连洗个热水澡都是奢望，还得忍受老鼠的骚扰。

去出差的同行有很多都是生活品质较高的女士，对于客户提供的住宿环境，绝大多数人怨声载道。因为大家都知道条件很差，所以一些有资历的员工都不愿意去，公司只能派一些最底层的员工。但是有一家公司派来的人却有些让人意外，那是一个看起来很干练的30多岁的女士，应该是那家公司的中流砥柱。

我第一次见到这位女士是在火车站，第一眼见到她，我的内心是在发笑的。她身着黑色的职业套装，脚下穿着普拉达，手里拎着古驰，画着精致妆容的脸上露出一副傲娇的表情，仿佛是来走红毯的。当下我就在想：又是一个来的时候讲究，走的时候狼狈的人。

但事实却正好相反，她比我们所有的人都更能适应这种恶劣的环境，半个月过去了，既没有听到她的抱怨，也没有看到她的娇柔之气，而是每天都那样美丽精致地出现在大家面前。然而这不是我最佩服她的地方，让我对她的敬意油然而生的，是在看到她与客户洽谈服务费用的时候。

客户的抠门我们深有感触，几乎所有过来合作的公司都被他剥削得非常干净，但因为受经济形势所迫，所以没有人敢说些什么。正是因此助长了客户的气焰，他常常对我们这些合作公司派来的员工呼来唤去，有时甚至"鸡蛋里挑骨头"。那时，我常常看到一个七尺男儿的无奈和凄凉，他们为了业绩不得不在客户面前俯首做小。

但是那位看起来柔弱优雅的女士在客户面前却表现出与其他人不同的一面，在面对客户的趾高气扬及压得不能再低的价格时，她没有摇尾乞怜，而是起身告诉客户："抱歉，您的报价我无法接受，请您另请高明吧，我今天下午就回上海。"

看到对方撂挑子，客户傻了眼，没想到项目到了重要的环节，对方居然不合作了，这样自己损失的不仅仅是金钱，还有时间和成本。于是客户像霜打的茄子，不得不好言相劝，留下了那位女士，不仅如此，还给出了当时业内的最高报价。

干得漂亮！之前那些因为她的趾高气扬而看不惯她的人，都纷纷向她竖起了大拇指，太爽太解气！

用钱堆出来的不一定是"贵"，很有可能堆出的是一身庸俗。见过那些一身珠光宝气却难掩俗气的女人吗？她们错误地以为"贵"

就是金钱的堆砌。而有些女人即使没有钱，衣着朴素的她们却活得清丽脱俗，这才是对"贵"的正确诠释。一个女人的"贵"应该是有能力、有底线的人：有赚钱的能力，为自己创造更好的生活；有即使穷却仍然抱有精致生活的追求，以及不为现实所迫而贱卖自己的美貌和能力的底线。

让女人卑微的不是贫穷，而是志气。所谓"贫贱不能移"，即使我们贫穷，但我们应该保持内心的力量。一无所有并不可怕，可怕的是放弃认真生活的态度。女人应该懂得强大自己的内心，不被贫穷压弯自己的腰肢，才能活得傲娇、远离卑微的影子。

# 勇敢做越挫越勇的那一个

"为什么渣男总是被我遇到？"

"为什么世界所有的苦难都粘着我？"

"为什么上天待我如此不公？"

……

是不是常常听到这样的抱怨？或许这些抱怨也曾经从你的口中吐出过。每当遇到不顺心的事或挫折时，人们总是会怀疑人生。

《孟子·告天下》里写道："故天将降大任于斯人也，必先苦其心志，劳其筋骨，饿其体肤，空乏其身……"人的一生，总是在形形色色的考验中度过的，这是成长的必经之路，也是成功所必须经历的过程。

我很喜欢看《超级演说家》，尤其是喜欢其中的一位选手刘媛媛。在她的演说中，我总是能看到一种坚韧不拔的人生态度。她说："我们大部分人都不是出身豪门的，我们都要靠自己！所以你要相信，命运给你一个比别人低的起点是想告诉你，让你用你的一生去奋斗出一个绝地反击的故事。这个故事关于独立、关于梦想、关于勇气、关于坚忍，它不是一个水到渠成的童话，没有一点点人间疾苦，这个故事是有志者事竟成，破釜沉舟，百二秦关终属楚，这个故事是苦心人天不负，卧薪尝胆，三千越甲可吞吴！"

充满正能量的演说总是让人内心澎湃，没有背景没有依靠的刘媛媛并没有被寒门出身所限制，反而有着涅槃重生的斗志和勇气。刘媛媛的演说给予我们这样一个启示：老天之所以给我们安排坎坷的命运，是为了让我们练就绝地反击的能力。

如果一个人没有承受挫折的勇气和能力，那么成功将会遥不可及。正如巴尔扎克所说的一样："挫折和不幸，是天才的晋身之阶，是弱者的无底深渊。"

作为女人，我们的一生会经历许许多多的成功和失败，有得也有失。并不是所有的事情都能如我们所愿，也不是所有的事情都是我们的能力所能承受的。在面对困境和不幸的时候，我们唯有保持积极向上的心态，纵然做不到最好，只要我们努力过，便能得到一份付出后的坦然和快乐。不妨把一次次的失败和挫折当作命运的安排，命运既然不愿意满足我们对成功的渴望，但至少它可以满足我们对积极向上的乐观追求。

1976年，在美国宾夕法尼亚州的艾伦敦市的一家医院里，一名先天残疾的女婴——艾米出生了。艾米天生没有长腓骨，注定她的一生没有行走的能力，她的小腿在她1岁生日那天被截掉。

艾米出生在普通的家庭，父亲是泥瓦匠，母亲是售货员，父母没有能力给艾米提供良好的教育环境，但是却教会了她如何与命运抗争。艾米的母亲对她说："孩子，你生来就是为了历经不平凡之事的。悲伤没有用，你要把眼泪变成钻石。"于是，这个天生残疾的女孩开始了她坚韧不拔的人生。

艾米从来没坐过轮椅，从小就学会了与义肢为舞。在父母的特殊教育下，艾米过着与其他孩子一样的生活，一样去上学，一样放学，唯一不同的只是她请病假的次数要多一些。为了身体的发育变化，艾米一共做了5次矫正手术。

因为艾米天生的与众不同，遭到很多同龄孩子的嘲笑，然而从小生活在这种阴影下的艾米并没有受到影响，反而常常安慰家人说"我对这些有免疫力"。从小艾米就是一个乐观积极的孩子，从不认为自己是个残疾的人，她总是会陪弟弟们踢球、爬树、骑车。中学时期开始，这个被医生宣告终生无法行走的孩子，居然成为了一名垒球运动员。

大学时期，艾米爱上了跑步，她报名参加了残疾人田径比赛，并一举夺冠。那时她遇到了人生中最重要的导师弗兰克——美国田径界的知名教练。弗兰克教练的一句："嗬，强壮的小姑娘！"给了她巨大的鼓舞。

训练场旁边常常有人观看，他们总是用异样的眼光看着艾米。一次，艾米在跑100米的田径赛途中因为义肢的突然脱落而摔倒。此时的她再也无法忍受周围人的指指点点，想要放弃，但是她的教练却平静地说："捡起假肢，继续跑，只有这样你才能得到尊重。"

就这样，艾米在弗兰克教练的一次次鼓励中继续训练前行。"人生也如赛场，停顿只能失败。"这是弗兰克教练常常对艾米说的话，也是让艾米顽强、不屈不挠的精神支柱。

在艾米第一次参加全国残疾人田径赛时，她不仅夺冠，还打破了100米短跑的国家记录。这次比赛成为她踏上亚特兰大残奥会的起点。

后来，年仅20岁的艾米在亚特兰大残奥会上，用碳纤维特制的义肢创造了新的女子100米跑和女子跳远两项世界纪录。要知道靠义肢的她在奔跑和跳跃时，所花费的力气是常人不可比的。也正是如此，艾米的故事激励了成千上万的美国人，她成了美国人的骄傲和楷模。

艾米因为自己的坚韧不拔为自己创造了一片新的天地，不仅成为女子体育基金的代言人，而且时常登上欧美各大类杂志封面。在1999

年，她受邀为英国服装设计大师亚历山大·麦坤的秀走台，T台上的艾米从容不迫，仪态万方，婀娜多姿，她的义肢就如同一双点缀的靴子一般。而台下没有一个人看出来她是在用义肢走秀。

自此，艾米开启了人生的新篇章，成为一名专业的模特，还成为巴黎欧莱雅任命的全球形象大使。艾米·穆林斯，一个传奇的女性，她的一生足以向我们诠释什么是"身残志坚"，什么是"越挫越勇"。

女人的一生很漫长，也会经历很多事，事业、婚姻、孩子，总不会是一帆风顺的。当我们路过崎岖的小路时，走进荆棘密布的丛林时，跌入无底的深渊时，当如何？乞求别人的搀扶和帮助？还是抱着越挫越勇的态度，在摔倒后靠自己的力量爬起来？我希望选择的是后者，也必须是后者。女人，就应该学会越挫越勇，我们生活的意义应该是坚强地闯过挫折，冲出坎坷。

生活有一千个理由让你哭泣，作为女人，就应该用一万个理由来回击它。最后送各位一句艾米的名言："真正的残疾是被击败的灵魂。只要灵魂不败，就有成功的希望，就能把眼泪变成钻石，活出光辉灿烂的自己。"希望所有的女人共勉。

# 人生的每一次"败笔"，都是对自己的历练

没有哪个女人能一生顺遂，或多或少都经历过失败，感情的失败、事业的失败、生活的失败、教育孩子的失败……但是有多少女人能在失败后真正做到总结失败的经验教训，重整旗鼓呢？

现实生活中的确有这样一类女人，她们把自己人生中的每一次"败笔"当作对自己的历练，认为每一次失败都是下一次成功的基石，都在为她们的生活平添色彩。

然而还有一类女人，她们不懂得从失败中找出路，害怕失败，把失败当作负担和压力，所以她们总是在不停地经历失败，甚至因为失败一蹶不振。

朋友在一家大型企业做HR，听她讲过这样一件事：在某一年的校园招聘中，朋友竟遇到了一个因为没有被录取而自杀未遂的女生。

后来朋友在整理招聘的信息资料时才发现，或许是因为信息系统故障的原因，竟然跳过了成绩最好的应聘者，没错，就是那个自杀未遂的女生。当然，朋友和她的同事在看到资料的时候是惋惜的，惋惜没有招聘到成绩这么优异的员工。不过在听说那个女生自杀未遂的消息后，他们又不免有些庆幸，因为即使他们录取了她，在将来竞争激烈的职场中，那个女生也未必能待得长久，所以朋友的公司放弃了补充录取她的想法。

我大概能理解朋友公司的做法，因为没有哪个公司会要一个心智不够成熟、抗压能力和受挫能力低下的员工。

世界那么大，一个女人那么渺小，你有那么大的魅力让所有人都围着你转吗？你觉得因为失败而选择放弃生命是一件很有勇气的事吗？你觉得有人会为你感到惋惜吗？我想除了家人和朋友，可能再没有人会为你驻足脚步，花费精力和时间来惋惜一个与自己不相干的人。

学走路的孩子在摔倒后，只有爬起来继续前行才能学会走路，无论他们摔得多么疼。孩子是真的不知道疼吗？我想不尽然，他们或许没有过多的想法，把注意力都放在走路上，孩子们只是单纯地想要学会走路，而忽略了疼痛。

反观有些女人，她们总是喜欢把一点点小痛苦放大无数倍，遭遇一点点失败就寻死觅活。

事实上，我们所谓的疼痛和失败，并不是来自外界，而是来自我们内心。我们内心对失败的反应让我们止步不前，我们害怕失败，这就是为什么我们不能像孩子一样，跌倒后还会爬起来继续学走路。因为孩子的内心不会想那么多，自然就不会有那么多对疼痛和失败的反应。

曾经看过一部偶像剧《101次求婚》，剧情虽然是在讲对真爱要有恒心，在追求幸福时要有101次求婚的勇气。但又何尝不是在启示观众，在追求成功的路上，要不怕失败，要有"101次求婚"的勇气。所谓"精诚所至，金石为开"，只有在面临一次次失败和挫折后不退缩，每一次都积极地面对，并从中吸取经验和教训，终有一天，成功会向我们招手。

只有失败者才会常常把"不能"挂在嘴边。而那些已经成功或是正在走向成功的人，从不认为自己"不能"，即使有时会因为"不能"而失败，但是他们并不会因此而消沉。对于这些人而言，任何失败都只是自己人生中一次小小的、暂时的受挫，这些挫折是对自己的一种历练，是未来成功的基石。

因为天气炎热，所以农妇在种黄豆时把黄豆埋得很深。一段时间后，农妇的孩子去田地里玩耍，发现黄豆种子已经长了长茎，并破土而出了。孩子带着欣喜又疑惑，回家找到妈妈问道："妈妈，黄豆为什么会知道往上长，破出土壤？它们被埋得那么深啊！"

农妇笑道："孩子，那是因为它们知道只有努力地往上长，才能见到阳光，才能存活啊！"

我们又何尝不是为了过得更好，努力向上，去追求幸福的曙光呢？

可曾记得高考失败那段灰色的日子？那时的你是选择坚强地面对，还是从此一蹶不振？可曾记得初次进入职场时被人排挤的时光？那时的你是灰溜溜地离开，还是努力打破隔阂融入他们？可曾记得初恋失败后那段苦涩的日子？那时的你是躲在角落里哭泣，还是微笑着走出失恋的阴影，努力寻找自己的"真命天子"……

我们应该把人生中的每一次"败笔"当作对自己的一种历练，一种成长。失败也好，"败笔"也罢，我们会从中学会女人的坚强与独立，学会沉淀自己。

那些我们所经历的挫折与失败都将成为过眼云烟，因为生活在继续，不会因为我们的一些"败笔"而停留。所以，我们应该做坚强、勇敢、沉稳的女人，把人生中的"败笔"当作历练自己的工具或激励自己的动力，只有这样，我们才会活出最美的自己，活出精彩的人生。

# 年轻无极限，就是不妥协

　　在《圣经·旧约全书》中有这样一个故事。在埃及位极人臣的约瑟出生富贵之家，从小受到父亲的百般宠爱，这让他的哥哥们非常妒恨。约瑟十七岁的时候被哥哥们设计，辗转被卖给了埃及法老的护卫长波提法为奴。因为他聪慧能干，很快受到了护卫长的器重，而他秀雅俊美的长相也被女主人垂涎，女主人多次诱惑未果。有一次约瑟进屋办事时被女主人缠住，他在挣脱跑出来时女主人趁机把他的衣服脱了下来，然后诬陷约瑟非礼自己，衣服就是证据。护卫长听后震怒，把约瑟关进了大牢，

　　人的一生总会面临一些选择，如果选择放下心中坚持的原则，向他人、向命运妥协，这样或许会得到好处，但是妥协的次数也会越来越多；如果选择坚持自己的原则，不妥协，或许会为自己带给灾祸，但是却能保持自己的本心。故事中的约瑟在即将在为奴之地混出一点名堂时，就面临着这样的一个重大抉择：向女主人妥协，那么将来必将能在护卫长的家里更加亨通；而不向女主人妥协，必将失去自己努力得来的一切，甚至会有更严重的后果。

　　约瑟选择了不妥协。所以他必须承受严重的后果，他的不妥协把自己送进了监狱里。这样看来，好像妥协是百害而无一利的事，如果约瑟当初选择妥协，起码不会失去自由。但是这并不是他的结局，两年后，约瑟因为曾经在监狱帮助酒政解梦，被酒政举荐给法老，他解读出了法老那个无人能解的梦，从此得到法老的器重，后来位极人

臣。这样看来，不妥协也许会"柳暗花明又一村"。

　　说到妥协，我想起一个朋友的故事：这个朋友是国内某知名大学的博士，学校受邀在美国做学术交流，于是派了我这个朋友去。

　　在学术交流期间，我的朋友和当地的老师一起写了一篇论文，将在业内有名的杂志上发表。朋友国内的导师知道后，要求在论文上加上自己的名字。朋友向自己的导师妥协，向合作的老师哀求后，因为同样来自中国的合作者深知国内的人情世故，于是勉强妥协，同意了朋友的要求。

　　可是谁曾想，朋友的导师居然变本加厉，要求自己作为第一作者，否则就不让我的朋友博士毕业。朋友也很迷茫，不知道到底是妥协还是不妥协。

　　在面临进退两难的抉择时，到底是选择妥协还是不妥协呢？或许一次妥协自己将暂时得到好处，但是一次的妥协必将需要一系列的妥协来支撑。我的朋友就是一个很好的例子，如果他一而再再而三地向导师妥协了，那么就可以顺利地拿到博士学位，那位合作老师或许会因为为难，再次勉强帮助我的朋友，但是我的朋友以后或许再无可能在学术上、事业上得到合作老师的帮助和提携。

　　而如果我的朋友选择不向他的导师妥协，或许他无法拿到博士学位。但是自己就不会受到导师的束缚，而且美国的那位合作老师必定为因此同情我的朋友，或许会帮助他在美国开启自己的事业。加上朋友已经在国外知名期刊发表过论文，有没有国内的博士学位，也没有那么重要，今后必然能靠自己的努力做出一番成就。

　　冰心曾经说过，"从心所欲不逾矩"，想要遵从自己的心，不做自己不愿意做的事情，那么就要有选择不妥协的勇气，因为不妥协势必要付出代价。但是只要相信自己，我们的不妥协将来必定能为自己带来更多的补偿。

人生在世，总要活出自己的样子，而不是被他人威胁而妥协，让自己活得没有自我。所以，我们要坚持自己的原则，遵从自己的内心，坚定地选择不妥协。不要为眼前的利益蒙蔽了双眼，我们应该看到远方的精彩，而不是暂时的安逸。

虽说"水往低处流，人往高处走"，但是这些要建立在不妥协的前提下。妥协和将就的人生，换来的只是得过且过。难道你愿意到了迟暮之年，回首年轻的往事时，才发现自己的人生是多么的不上进吗？

人活于世，最可怕的不是失败，而是为了避免失败而选择安逸、妥协、将就。选择妥协、将就地过，只会是碌碌无为的一生。所以在面对不满意的工作时，不要妥协，换掉它；在面对不合适的对象时，不要妥协，离开他；在面对不喜欢的圈子时，不要妥协，重新选择。

人生总是要在不断地放弃不想要的、不合适的、不喜欢的，才会遇到自己最好的。不妥协的人生才是最精彩的人生。

人应该诚实地面对自己的心，勇敢地坚持自己的原则，朝着自己喜欢的样子生活。为了我们心中想要的未来，我们应该抛弃犹豫，抛弃妥协，抛弃讲究，大声地对自己不喜欢的事物说"NO"，这样我们才能活出自己想要的样子。

年轻无极限，就是不妥协。对于青春的你我而言，未来的路很长、很累、很苦，但即使如此，我们也不能选择将就。

# 生活虐我千百遍，我待生活如初恋

曾经看过一部电影，名字是《被嫌弃的松子的一生》，当时看完后的感慨至今令我记忆犹新。

电影的女主角叫松子，松子的爸爸一直都对松子很冷淡，总是非常疼爱松子那个体弱多病的妹妹。一次偶然，松子做鬼脸博得她爸爸一笑，所以，自此开始，松子总是喜欢在爸爸面前做鬼脸，希望能讨爸爸的欢心。

成人后的松子做了一名老师，后来却因为帮学生龙洋一承担偷窃的罪名而被学校开除。这件事成为松子人生中的重大变故，也改变了松子的一生。

失去工作的松子离开了家，搬去和男友同居。然而这并没有为松子带来好的生活，男友不仅让松子赚钱养家，还对松子非常不好，常常对松子拳打脚踢。

后来，松子的男友自杀了，一无所有的松子成了别人的情妇。情妇，当然是不会长久的。被情人抛弃后的松子开始自暴自弃，做起了浴室女郎，但没多久，浴室倒闭了。

之后，松子和在浴室认识的小野寺同居，然而她的悲剧并没有因此结束，短短半年的时间，小野寺就背叛了松子，松子在与小野寺扭打时误杀了他。

松子逃亡到东京后，原本想要自杀的她认识了一名理发师，原以为可以和这个憨厚的男人过上安稳的生活，但是命运总是喜欢捉弄松子，她被警察找到，并被判入狱八年。

出狱后的松子准备找理发师开始过自己全新的生活，却发现他已经为人夫、为人父。

默默离开的松子仍然没有脱离命运的魔掌，她遇到了当年那个害自己被学校开除的学生，再一次遇到爱情的松子，竟然相信能与彼时已堕入黑社会的龙洋一厮守一生。结果可想而知，龙洋一逃不过牢狱之灾，而松子直至最后依然孤单一人。

对于松子来说，自从被学校开除的那个变故之后，爱情就成了她的全部，男人也成了她唯一的依附。然而，现实却让她遍体鳞伤，被她当作全部的爱情抛弃了她，被她全心全意付出的男人伤害了她，背叛了她。

终于松子看清楚了爱情，不再相信爱，但她没有看透人生，失去所有让她自暴自弃，直到临终前她才悔恨地写下"生而为人，我很抱歉"的遗言。

松子的一生虽然凄惨，但是她用打不死的精神去面对各种悲惨境遇的勇气，是否也会给我们一些感悟呢？松子的人生态度：任它虐我千百遍，还得待它如初恋，是不是也是我们应该有的人生态度呢？

曾经听人说过："生活本身不可能事事遂人所愿，人生也不是理想的化身，有时你再辛勤耕耘，有一些东西一辈子也没有可能得到。"我觉得是非常有道理的，我们应该把自己变成"打不死的小强"，从容地面对命运和生活带给我们的种种痛击。

但是，又有多少人能做到呢？在现实中，有很多人总是喜欢不停地抱怨，他们抱怨上司的不公平待遇，抱怨老板的不近人情，抱怨好运总是与自己擦肩而过……

有这样一则寓言故事：

一个生前热情友善，热心助人的人，死后被上帝嘉奖，成了天使。成为天使的他仍然秉持着自己热心助人的宗旨，常常下凡帮助需要帮助的人们，希望他们幸福快乐。

有一天，天使看到一个面带苦恼的农夫，便上前问道："你怎么了？"农夫诉说："我的田要怎么办？牛死了，再也无法犁田了。"

听后，天使为了让农夫快乐起来，便给了他一头健壮的牛。得到牛的农夫，欢喜地跳了起来，天使感受到了农夫的幸福快乐。

又一天，天使看到一个很沮丧的男人，天使好奇："你为什么沮丧？"男人说："我没有钱回家了，我的钱被别人骗光了。"

于是天使送了男人钱当作回家的盘缠，当看到男人开心的表情时，天使感受到男人的幸福快乐。

这一天，天使同样遇到一个不快乐的男人，这个男人是个诗人，他年轻俊朗，富有且有才华，家中有美丽、温柔的妻子和可爱的孩子。天使问道："你为什么不快乐？需要我帮你吗？"

诗人说："我什么都不缺，唯独有一样没有，你能帮我得到它吗？"

天使问："当然，你想要什么？"

诗人用期盼的眼神看着天使："你能帮我得到幸福吗？"

天使这下犯难了，什么都不缺难道不幸福吗？思考许久，天使才恍然大悟，原来什么都不缺并不是幸福，唯有尝尽人生百态，收获自己想要的人生才是幸福。

如果人想要什么就能轻而易举地得到，那么就失去了人生的意义。人生在世，只有经历过才会懂得珍惜，才能体会到得到的幸福和快乐。

在生活中，轻而易举得到的总是不会珍惜；只有当我们一无所有时，才会倍感珍惜。当我们拥有生活时，生活仿佛很平淡，无惊无喜；只有我们拼尽全力去得到生活时，才会觉得生活真的很美好。

无论我们的生活是什么样子，只要能保持自己的初心，用乐观的态度按照自己的方式活着，都将活成幸福的样子，这样才能感受到生活的快乐。

我们的一生一直在旅行，在不停地走走停停中会遇到荆棘，遇到泥泞，但也会在沿途中看到春花秋月。如果我们在遇到荆棘和泥泞时放弃了前行，我们又怎么能拥有美好的人生轨迹呢？但如果我们能积极面对失败和坎坷，选择相信未来会更好，那么即使我们身处深渊，也必然有重见阳光的一天。

不要抱怨命运的不公，即使我们经历的凄厉寒风、淋漓苦雨别人未必经历过，但你又怎么知道别人没有别样的人生坎坷呢？不妨试着斩荆劈棘，或许就有机会看到后面美丽的风景。

人的一生总不会风调雨顺。很多时候，我们得到的未必是自己想要的，而我们期望的却总是求而不得。此时，为什么不换一种心情，换一个角度去面对那些失意和不幸？或许会经历不一样的精彩人生。

"生活就像一面镜子，你笑它也笑，你哭它也哭。"所以，我们要用微笑和坚韧来面对我们的人生，用宽阔的胸怀去对待身边的人和事，我们的生活将会是轻松而快乐的。

我时常这样告诉自己，"生活虐我千百遍，我待生活如初恋"，用对待初恋的苦涩而又甜蜜的期盼之心来面对我们的生活，在尝尽人生百态后，我们才能真正地活出属于自己的人生。用温柔来回击生活的残暴，才更有意义。正如海明威所言："这个世界如此美好，值得人们为它奋斗。"

无论生活如何对待我们，是否安排了无尽苦难给我们，我们都应该积极地面对它，不要让自己因为生活的苦难而怨恨退缩，"生活虐我千百遍，我待生活如初恋"才是我们应该有的生活态度。

# 即使流泪，也要微笑前行

浮华的世界中，生活的重压使我们喘不过气，好像每个人都在为生活所累，体会到的大多是痛苦，唯独快乐很少。而事实上，我们的痛苦或快乐并不是真的来自我们的生活，而是来自我们的内心。不想在痛苦面前示弱，那么就要微笑地面对它，成为战胜痛苦的强者。再多的苦，笑着也是接受，哭也无法逃避，何不让自己微笑前行呢？

其实世间的烦恼和痛苦并没有我们想象中的那么难以承受，只看你用什么样的角度和心态去面对。

有这样两个同病相怜的病友，他们同患重病，同住一间病房。

其中一个病人的床位在窗户边，因为他常常会喘不过气，所以必须每天起身坐半个小时；而另一个病人却只能躺在病床上。为了度过在病床上难熬的时光，两个人总是彼此鼓励。

每天，窗边的那个病人，在坐起来的半个小时里总是望向窗外，并给病友叙述自己看到的美景。

整天躺着的病人，在病友的叙述中想象窗外的美丽世界，这半个小时几乎成了他坚持活下去的精神支柱。

在病友的描述中，这个整天躺着的病人似乎看到了窗外偌大的公园，看到了一群野鸭和天鹅在公园里的湖中嬉戏，看到了情侣在湖边的长椅上相依而坐，看到了天边美丽的斜阳……

日子一天天过去，窗边的病人安详地在睡梦中去世。在整天躺着的病人的要求下，他被转移到了窗边的床位上。然而当他满心欢喜、强忍着剧痛支撑起身体向窗外望去的时候，并没有看到曾经想象中的景象，唯有一堵白墙耸立。

这位病人立刻向护士询问："我那位病友曾经看到的公园和湖泊呢？"

护士疑惑道："从来没有什么公园和湖泊啊，一直都只有一堵白墙啊。"

这位病人仍然不信："可是他每天都告诉我他看到了啊！"

护士回答说："他的双眼是看不见的东西啊！"

片刻的沉默后，护士又说道："他在给自己编造活下去的希望，同时也把希望和快乐传递给你，所以你可千万不要辜负了他的用心良苦！"

"喜悦的心，乃是良药；忧伤的灵，使骨枯干。"那位离世的病人用快乐的心态面对病痛的磨难，同时把自己快乐的心态传递给另一个病人，何尝不是在用微笑面对生活的苦难呢？

我们是否也应该学习那个离世的病人的心态，勇敢面对生活中的苦难和不公平，不自暴自弃，用微笑前行呢？

曾经看过这样一个故事：一个四岁的女孩家境贫寒，有一次她和妈妈逛街，看到了一架快照摄影机，她欣喜地拉着妈妈走了过去，说："妈妈，能给我拍一张照片吗？"妈妈蹲下来抚摸着女孩的头发说："孩子，你的衣服太旧了，不要照了。"女孩低下头看看自己的衣服，思索片刻抬起头来微笑地对妈妈说："妈妈，没有关系的，我会面带微笑呀。"

"我会面带微笑呀"，看起来简单平常的话，却是很多人都做不到的。如果我们是那个女孩，衣着褴褛，什么都没有，我们能微笑着面对摄影机吗？我想大多数人是不能的，反而会因为自己的穷困和一无所有而悲痛万分，整天以泪洗面。

但是，我们的悲痛和泪水又能帮到我们什么呢？什么都没有，只会给我们带来更多的痛苦和沮丧。既然如此，不如用发自内心的微笑来面对生活中的痛苦。

"微笑对弈一切痛苦都有着超然的力量，甚至能改变人的一生。"这是美国的一位哲学家说过的话，我一直视为真理。痛苦在我们的坚强和微笑面前会不堪一击，坚强和微笑会让我们在面对生活的苦难时更加坦然，让我们看到未来的无限美好。

伊丽莎白·唐莉曾经经历过人生中的重大苦难，然而她没有从此一蹶不振，反而用微笑代替泪水，活出了自己精彩的人生。正是因为她经历的苦难，才使得她懂得微笑的真谛和意义，后来写出《用微笑把痛苦埋葬》。书中有这样一段话：

"人，不能陷在痛苦的泥潭里不能自拔，遇到可能改变的现实，我们要向最好做出努力；遇到不可能改变的现实，不管让人多么痛苦不堪，我们都要勇敢地面对。用微笑把痛苦埋藏，才能看到希望的阳光。"

天总会下雨，而我们的一生也总会经历一些苦难：失去爱情、失去亲人、遇到病痛、遇到灾难……既然无法避免，就该学会用微笑接受。因为无论你是哭还是微笑，这些苦难总是要承受的，不是吗？

生活从来不是那么圆满，也不可能永远只有如沐春风。有了苦难，我们才能学会谦卑；有了挫折，我们才能体会到成功的喜悦；有了沧桑，我们才会富有同情心……人注定不会有一帆风顺的一生，与其在挫折与失意面前哭泣，不如用微笑回击这些挫折与失意。在历经铅华之后，我们才能活出精彩。

寒风萧瑟总会过去，不妨面带微笑耐心等待春暖花开的来临。所以无论我们身处逆境还是伤痛，都应该让自己活在灿烂的阳光下，至少让自己的内心充满阳光。只要有坚定的信心，总能看到风雨后的彩虹，看到融化后的清泉小溪，看到一片春意盎然。

微笑前行是一种坦然面对人生的姿态，"我要站成最美的姿态迎接春暖花开，笑靥如花只为等你的归来，看你那千姿百态，万紫千红"。

当我们在微笑中前行时，那些过往的苦难和悲伤都会随风而去，迎来的是清风徐来，是千姿百态的未来。

# Chapter 3 / 心有多大，
舞台就有多大

"海纳百川，有容乃大。"一个人的胸襟越大，就越能承受生活的种种困难与挫折，也就更能修炼自己的品格与心性。不要在乎他人的目光，也不要在最好的青春年华里辜负了自己的梦想，不管顺境逆境，一笑置之坦然应对，终有一天你会收获生活的美好。

# 包容人生的每一种不完美

很多时候，人们都会追求十全十美，把不完美看作是人生的一种缺憾。可是"金无足赤，人无完人"，这个世界上哪有那么多完美的事情，十全九美之事必然也是存在的，只要我们换个角度去看待问题，你会发现，只有接受和欣赏自己的不完美才能让自己成为更好的人。

比如，你很胖，常常苦恼自己没有一个好的身材，但你可以通过健身去锻炼让自己变得苗条。如果你的成长环境很糟糕，你也可以试着通过自己的努力来改变这一切。总之，不完美的人生是必然存在的，我们无需逃避也不必感到害怕，只有从心理上正视它、接受它，我们才能从不完美的痛苦中解脱出来，勇敢地生活，去实现自己的人生价值。

提起著名史学家司马迁，大家只知道他独立思考创作了"史家之绝唱，无韵之离骚"的《史记》，可又有谁知道，他在完成《史记》之前经历了怎样残酷的人生呢？司马迁是汉武帝时的史学家，可是在李陵与匈奴人战败投降后，司马迁冒天下之大不违替李陵求情，惹怒了汉武帝，被处以宫刑。

对于一个男人来说，处以宫刑还不如直接一刀毙命来得痛快，司马迁受到奇耻大辱后虽然想过以死泄愤，可是想到尚未完成的《史记》，他咬咬牙将一切都忍了下来。他深信，人生只有经历了种种不完美，才会活得更加通透。

也正是抱着这样一种信念，宫刑后的司马迁变得异常坚韧与勇敢，在后半部分的《史记》中更是倾注了全部心血。试想下，若当初受到宫刑后的司马迁意志消沉，整日借酒消愁，那么又怎会有中国历史上第一部纪传体通史——《史记》的问世呢？

很多人终其一生都在不断追求完美，可是追逐来追逐去却恍然发现，那些不完美反而对生活、对人生起着更好的激励作用。正是有了不完美的存在，我们的人生才能越挫越勇，勇登高峰。说到这，我想起了著名女作家海伦·凯勒，她的事迹不正是对于不完美人生最好的诠释吗？

海伦·凯勒出生于美国亚拉巴马州北部的塔斯喀姆比亚镇，在她十九个月时因突发急性脑充血而导致连日的高烧，高烧过后她失去了听力和视力。小小年纪便遭受如此不幸，但她并没有因此而一蹶不振，而是在无声与黑暗的世界里自强不息，顽强刻苦地学习。

可能很多人遇到此类不幸，都会哀怨命运的不公，甚至得过且过，选择活在当下，但海伦却并不这样认为。虽然听力与视力的丧失让她的人生留下了遗憾，但她仍然把自己当作一个正常人那样去热爱生活、热爱学习，并在1899年6月以优异的成绩考入哈佛大学拉德克利夫女子学院。

不仅如此，她还克服了语言障碍，熟练掌握了英、法、德、希腊、拉丁等五种语言，出版了《假如给我三天光明》《我的人生故事》《石墙之歌》《走出黑暗》等14部著作。对于自己的不幸经历，海伦·凯勒并没有自暴自弃，反而还建立了许多慈善机构来帮助那些和她一样的残疾人。

她加入盲人基金会，周游世界各国，到各地发表演讲，为盲人募集资金兴建学校。她的身残志坚，她的热心助人，赢得了世人的尊敬与夸奖，并入选《美国时代周刊》，获得了"二十世纪美国十大英雄偶像"之一的荣誉称号。

海伦的励志故事早已深入人心，影响着身边一代又一代人。正因为海伦过早尝遍了生活的艰辛，体验了生活的磨难，所以她才会比常人付出更多的努力，在无声与黑暗的世界里越挫越勇，走出了自己的人生奇迹。

虽然命运对待善良的海伦是非常不公平的，但也正是因为这些不公，使得她在后来收获成功的同时也没有忘记要帮助那些身残志坚的人。我们每个人都应该像海伦那样，即使面对人生的不幸，生活的不完美，也应该另寻出路，从缺憾中发现美、制造美，以另一种人生姿态应对挫折、笑对生活。

这个世界本就充满着各种各样的不完美，我们一味去纠结、去抱怨也没有多大意义，难道说你的满腹牢骚就能改变一切，让命运重新开始吗？显然是不可能的。既然如此，我们何不正确看待人生的不完美，以一种淡定从容的姿态去接受它、应对它呢？

正因为有了缺憾，我们才会倍加珍惜眼前的一切，正因为历经了生活的艰辛，我们才能感知生命的美好，才能包容人生的每一种不完美，才能在不完美的生活状态下怀揣希望去创造更广阔的未来。

———

# 不要在本该奋斗的年纪却选择了安逸

法国作家拉封丹曾写过这样一则著名的寓言故事：

某天，南风和北风在大街上相遇了，它们看到大街上来来往往的人群穿着厚实的棉袄和羽绒服，便想比试一番看谁的威力大，谁能把行人的衣服吹跑。北风为了显示自己的能耐更大，便铆足了劲儿刮大风，一次比一次猛。结果却适得其反，风越大，路人就把衣服裹得越紧，帽子、围巾、手套能取暖的东西都套在了身上；而南风呢，不紧不慢徐徐吹动，不一会儿，路上的行人感受到了暖意，便纷纷脱下了厚重的衣物，享受着和煦的暖风。

就这样，南风不费吹灰之力便轻松赢了北风。

这则寓言故事旨在告诉我们，当一个人身处寒冷时，会出于本能地寻求庇护，拒绝外界的伤痛与刺激；但在温暖来袭时，人们却会不自觉地放松警惕选择安稳。但安稳的生活却容易让人失去斗志，失去人生的目标，最终在残酷的竞争中缴械投降乖乖地向生活举起白旗。

婷婷是我的大学室友，不仅学习成绩好，更是系花。大学毕业前，我们一群人在宿舍谈论起自己毕业后的理想与目标时，婷婷说她想要进大公司做销售，因为她表姐就是做销售工作的，除了身体累一点外，工资收入非常可观。

可事与愿违，婷婷毕业后却阴差阳错地进了一家公司的行政部门，过上了朝九晚五没压力、没激情的都市白领生活。坐在宽敞明亮的办公室，抬头便可看到不远处的江景，不用四处奔波面临风吹日晒的辛劳，也不用像有些人那样为了多拿工资而拼命加班到凌晨。

婷婷倒也自得其乐，悠闲平淡的日子让她把大好的时间都花在了一些毫无意义的聚会上。就这样过了两三年，看着身边毕业的那些同学一个个过上了有车有房的生活，婷婷羡慕不已。于是，她开始抱怨自己的工作赚钱少、没前途。

可是当有人问婷婷是否会考虑换一份工作时，她把头摇得像拨浪鼓似的说："想是想，可是我已经习惯了这种安稳的生活，现在再让我出去折腾，去做诸如销售那样有挑战性的工作，我可吃不消！"

后来又过了两年，婷婷所在的公司因为效益不好准备裁员，而婷婷的名字就在其中。

就因为婷婷对眼前安稳的生活选择了妥协，所以几年以后，她便失去了斗志，直到最后被公司裁掉。

不管是工作还是生活，都没有永远的安稳在等着你，看上去安稳的生活，也会波涛汹涌暗藏礁石。我们每个人都应该明白这个道理，越是追求稳定越是害怕承担风险与伤痛，失去的反而会越多。

人生苦短，每个人都应该有所追求，千万不要在本该奋斗的年纪选择了安逸。如果你还年经，更应该努力去拼搏、去奋斗，作为女人，更不应该把自己的人生目标置于鸡毛蒜皮的家庭琐事中。

不管生活是贫穷还是富有，都应该拥有一份工作、一份事业，努力去做自己喜欢的、有意义的事，这样的人生才不算虚度光阴，才不致于白活。至少我们在寻求进步，在不断经历和成长，哪怕这段路途荆棘密布，但我们内心却过得无比踏实。

　　我的邻居王阿姨是一个五十来岁的优雅女人，开着名车住着别墅，每天的生活都过得光鲜亮丽，除了和朋友们一起喝喝下午茶、逛逛街、做做美容外，偶尔她也会去自己的公司巡视一番，闲暇时也会来场说走就走的旅行，看遍世间各地美景，尝遍各地特色小吃。

　　很多人都对王阿姨的生活投以羡慕的目光，说她前世修来的好福气，才能拥有如今这么优渥的生活。每次谈及这个话题，王阿姨都一脸微笑地摇摇头，因为外人眼里衣食无忧的生活并不是凭空而来的，而是靠她自己在年轻时努力拼搏得来的。

　　年轻时，王阿姨也曾像婷婷那样做着一份安稳的行政工作，每天朝九晚五地上下班，按月拿着为数不多的薪水，饿不死也撑不死。时间久了，不仅自己没学到什么技能，反而还将在学校学到的一些知识都给忘了。意识到这一点后，王阿姨思虑再三，便向领导申请调入了具有挑战性的销售部门。

　　做销售可不是一件容易的事，整天热脸贴冷屁股不说，还得随叫随到，陪吃陪喝陪笑脸，不断忍受客户的刁难与嘲讽，而被客户放鸽子更是常有的事。所有的一切磨难，王阿姨都忍了下来，因为她已经下定决心做好了准备，即使再苦再难也要坚持下去。

　　虽然做销售让她吃尽了苦头，可同时也磨练了她的品格，提高了她为人处事的能力。在熟悉销售流程，与客户谈判周旋的过程中，王阿姨还发现自己学到了很多以前做行政工作时不曾接触到的知识。

　　为了让自己的销售之路走得更顺畅，也为了替自己多争取客户，那时候的王阿姨真的很拼。多少个华灯初上的傍晚，当别人都围坐在饭桌前享受热气腾腾的晚餐时，她却依然奔波在拜访客户的路上。

记不清吃了多少次闭门羹，受了多少次白眼，可王阿姨依然没有轻易放弃，她的坚持不懈终于得到了回报。苦尽甘来后，她的业绩芝麻开花——节节高，从一个什么都不懂的外行，一步一步成为销售冠军、销售组长、主管，再到统领一个部门的销售经理。

就在身边的亲朋好友纷纷为王阿姨的成功鼓掌时，王阿姨却做了一个出乎意料的决定——辞职。她凭借自己做销售时积累的人脉和经验，辞职后开了一家家纺公司，公司刚起步的那几年，王阿姨每天加班到凌晨两三点，什么事情都亲力亲为。

身边很多人为之叹息，觉得她放着好好的、安稳的工作不做，却一而再再而三地瞎折腾，把自己搞得那么累。可王阿姨并不这样认为，她说："年轻时本就该奋斗，累点苦点咬咬牙也就挺过去了，更何况现在吃苦也是为了以后的生活更甜！"

正是抱着这样一种吃苦耐劳的精神和对工作的热情，几年之后，王阿姨的公司开始步入正轨，成了当地小有名气的家纺公司。

不要羡慕他人的生活，也不要嫉妒他人所取得的荣耀，每个人的成功都不是偶然的，都是靠自己努力拼搏才得到的。如果你先天条件不足，那你就要睡得比他人晚、起得比他人早、跑得比别人快、做得比别人多，唯有这样，你才能倚靠自己，活出自己的灿烂人生。

假如生活欺骗了你，假如命运对你百般阻挠，也不要轻易放弃人生的追求与目标；假如上辈子修来的好福气真的让你捡到了天上掉下来的馅饼，生活善待了你给了你优渥的物质生活，也不要失去生活的斗志，被生活磨平了棱角。

再不奋斗，我们就老了。与其仰望他人的高度，不如好好思考自己的人生，在大好的青春年华里去拼搏去奋斗一番。请相信，终有一天你也能站在自己曾仰望的高度，骄傲地说一句："我能行！"

请相信，你值得拥有更美好的人生！

# 不要让别人的眼光杀死了自己的梦想

小时候，老师会经常在课堂上问："你们长大后想做什么呀？"儿时的我们，天真烂漫，想到什么便说什么：

"我想做白衣天使，做救死扶伤的医生。"

"我想当画家，把疼爱我的奶奶的笑容永远留住。"

"我要做一名歌唱家，把优美的歌声唱给妈妈听。"

……

长大后，我们也有很多梦想，可是却不敢像儿时那样畅所欲言了。我想去当医生，可成绩不好的我害怕别人说我不自量力；我想当画家，可我怕别人说我没有天分；我想学唱歌，可我害怕别人说我五音不全，嘲笑我"唱歌要人命"；我想去旅行，可我怕人家说"穷人家的孩子瞎嘚嗦什么呢……"

人们常说越长大越害怕孤单，可我却觉得越长大反而越开始在意外界的眼光与看法了。伴随着年龄的增长，我们每走一步都小心翼翼，害怕听到身边的反对之声，害怕别人投以质疑的目光。在这种担忧与害怕下，我们的压力与日俱增，以致于到最后亲手把自己的梦想给扼杀了。

周末，几个好友聚会。席间艳子向我们发起了牢骚，说现在的她非常迷茫，因为目前的工作已经让她看不到人生的希望了。日复一日、年复一年，永远都在重复着昨天的故事，太枯燥乏味了。

艳子说，那份如同鸡肋般的工作，她不加任何思考甚至闭着眼睛就都能做得又快又好，可是又有什么用呢？升职无望，加薪无望，每天浑浑噩噩。她时常在工作做完后，便陷入沉思，幻想着如果当初她坚持自己的梦想，今日又该是怎样的一种生活状态呢？

作为朋友的我，对于艳子的吐槽也不好说什么。想当年，艳子为了求得这份体面的工作，可是放弃了自己创立舞蹈工作室的梦想，这才短短数年而已，她便悔不当初。

说着说着，艳子突然向我们在座的朋友问道："你们说，我是应该努力追求自己的梦想，还是应该脚踏实地继续着目前这份'食之无味，弃之可惜'的工作呢？我已经过了三十岁了，如今再来谈梦想还来得及吗？"

在座的几个朋友异口同声地反驳了艳子："才三十岁而已，怎么就算老呢？你可是我们这群人里面年龄最小的一个呢？"

艳子苦笑了一下，说："梦想的实现哪有那么容易啊，如果我真的选择从头再来，就意味着我的人生轨迹将全部打乱。成功了还好，可万一失败了呢？不仅失去安稳的工作，还得接受众人的嘲讽，万一家人不理解、不支持，那我岂不是腹背受敌？"

艳子敢想却不敢干，就如她自己所说的那样，没有办法来承受异样的眼光。可是，梦想的实现从来都没有早或晚，只要你愿意，随时都可以。放眼这个社会，那些勇于追求自己梦想的大有人在，她们从来不在意外界的看法与目光，他们坚定地做自己，最终实现了自己的梦想与追求。

曾经主持过《焦点访谈》《东方时空》等节目的央视前主播张泉灵，在生了一场大病后开始思考自己的人生。在她42岁的时候，她下定决心离开工作18年的央视去追求自己的人生梦想，并坦言："生命的后半段，我想重来一次。"

　　时间与年龄从来就不是阻碍梦想的绊脚石。大家熟知的摩西奶奶，七十七岁才拾起儿时的梦想，拿起画笔画画，并在七十八岁那年创作完成了自己的第一幅作品。后来，她还成功地举办了个人画展，她曾说："任何年龄段的人都可以作画。"

　　成功不分早晚，梦想的实现也不分早晚，只要你愿意，你也可以向摩西奶奶那样，哪怕在"人生七十古来稀"的年纪，放下所有去实现自己的梦想，好好地为自己活一次。

　　我有个朋友是化妆师，她最近新收了一名学员莹，之所以能记住她的名字，是源于与莹之间的一次谈话。

　　莹是我朋友所教的学员里面年龄最大的学生，她不怎么爱说话，但在学习的过程中却特别专心。有一次，我去找朋友时，看到莹一个人在化妆间练习化妆的技巧，出于好奇，我便问她："你是刚接触这一行吗？"

　　她笑了笑，有些羞涩地说："是呀，以我现在的年龄学这一行，起步有些晚。"

　　我接着问："你以前从事什么工作，不太顺心吗？"

　　莹说："不，挺好的，我之前是一名幼师。"

　　这更加重了我的好奇心，我又问："幼师这份工作不错啊，又体面又受人尊敬，你怎么……"

　　对于我的话，莹听着听着突然一下子愣住了。我意识到自己的问话有些唐突，赶紧对莹说："抱歉，我问的太多了。"

　　莹沉思了一会儿，接着说："不，是我自己顾虑太多了，我怕被人嘲笑'都一把年纪了，还有什么资格谈梦想'。其实，辞职学化妆并不是我一时兴起，这个想法我很早就有了。读书时我就特别喜欢摄影和化妆，梦想着有朝一日能开一家自己的影楼，把人们打扮的美美的，让人们永远留住那些美好的瞬间。"

　　说到这儿，莹的脸上神采飞扬，停了一会她接着说："之前我一直利用空余时间参加一些课程，学习一些摄影方面的知识。不过对于化妆我还真不太懂，但是我相信'有志者事竟成'。越早追寻自己的梦想，实现的机率应该越大吧！"

　　莹对于梦想的执着，让我莫名感动。是呀，一个人如果不趁年轻时勇敢追寻自己的梦想，却整天白日做梦期盼梦想成真，这可能吗？不要让别人的眼光杀死了自己的梦想。梦想是自己的，人生是自己的，何必要在意他人的看法呢？

　　青春有梦，勇敢去追。一个人如果光有梦想，而不付诸行动，就不要整天唉声叹气去埋怨生活的不公，去羡慕他人的好运气。"谁人背后不说人，谁人背后无人说"，每个人在追逐梦想的道路上，都会受到挫折与打击，会遭到他人的嘲笑与讥讽，可是这又怎么样呢？

　　如果我们连直面嘲笑和讥讽的勇气都没有，又拿什么去面对追梦旅途上的挫折呢？所有的担忧与害怕，都不过是为自己的懦弱与胆怯寻找借口。如果我们因为在乎他人的眼光，就轻易放弃了自己的梦想，这样的人生岂不过得很憋屈、很窝囊？

　　长此以往，内心压抑的我们，还会因此而失去自己的雄心壮志，得过且过。只有怀揣梦想，勇敢前行，我们才能收获希望成就更好的自己。

　　众所周知，著名导演李安，在成名之前也经历了一段灰暗的岁月，那时候的他如果害怕别人的异样眼光就改行去学计算机的话，又怎么能创作出《卧虎藏龙》《喜宴》《饮食男女》等一系列经典电影呢？

　　如果林少放弃了自己的梦想，而是选择做工业设计，那又怎会有如今"十点读书"的存在呢？

罗振宇如果选择安稳待在央视继续做《经济与法》《中国房产报道》等节目的制片人，又如何创造出视频脱口秀节目《罗辑思维》和碎片化知识平台《得到》呢？

著名学者林语堂说："梦想无论怎么模糊，总潜伏在我们心底，使我们的心境永远得不到宁静，直到这些梦想成为事实。"

不管时光如何变迁，也不管我们经历了怎样起起伏伏的人生，一个人的梦想从来都不会因为时间的流逝而消失贻尽。别害怕失败，别害怕他人异样的眼光，勇敢一些，再勇敢一些，坚定地去追求自己的梦想吧！只要你愿意，任何时间都可以！

# 事业是女人能够独立的重要基石

一个女人，一定要有独立的思想和自己的兴趣爱好，在任何时候都坚持做自己，不依附他人，才能活得漂亮。

很多人都说："充满自信的女人最漂亮！"那么，女人的自信该从何而来呢？最佳答案便是事业。即便是女人，也应该做自己人生的主人，拥有一份自己喜欢的事业。不管挣钱多少，至少它能让你有底气、有活力，变得自信、坚强和独立。

一份称心如意的事业不仅能让女人从诸多的家庭琐事中解脱出来，不再完全倚靠男人而活，更可以平衡好家庭与事业之间的关系。

事业真的能有这么大的魅力吗？很多人可能不信。其实你只要仔细观察就能发现，女人有了自己的事业，心态就会完全不同。不会整天胡思乱想、疑神疑鬼，不会整天像个怨妇似的埋怨这个、抱怨那个。

事业就像是女人的第二次生命，它可以让女人紧跟时代的步伐，提升自己的价值感，变得更有吸引力。有了事业，女人变得坚强独立，不会因为些许的挫折与困难就想要逃避和放弃，有了事业，女人才能活得更加潇洒自由，再也不会随意陷入悲伤中而走不出来。

我有个朋友敏，是某名牌大学毕业的高材生。毕业后她也曾奔波于各大人才市场，忙着投简历找工作。她以为凭着自己名牌大学的头衔，和之前在某些单位实习的经历，找个好点的工作对她来说应该不是一件难事。

可是，人山人海的人才市场里，她那点文凭根本就不值得一提。几经周折，她终于进了一家公司做文员，钱不多还天天加班，没过几年，敏就找了一个帅气多金的老公，这时身边有人劝她："找着一个这么好的靠山，干嘛还让自己这么辛苦呢？你完全可以不工作，在家好好享受生活就好了啊？"

听到友人的建议，敏觉得这个建议也未尝不可，于是立马辞职，在家当起了少奶奶。一个人的时候，敏可以一整天在家连睡衣都不换，饿了点外卖，困了便睡觉，除了刷刷微博、逛逛淘宝，日子过得一点激情都没有。

久而久之，敏开始胡思乱想，一会儿担心自己老公有外遇，一会儿又觉得自己一无是处，渐渐地，她的脾气越来越暴躁，经常因为些许小事就生气。

多少次午夜梦回的时候，敏一次又一次地问自己：为什么自己会活成自己曾经最讨厌的样子，真的要一辈子这样生活下去吗？答案是否定的，心里仿佛有一个声音在对她说："不，你不能这样堕落，你要走出去，要让自己活得漂亮。"

思虑再三，她又鼓起勇气像几年前那样穿梭于各大人才市场，开始了自己的求职之路。这次，她找到了一份行政的工作，虽然薪水不高，但她却觉得非常满足。这份工作让她的生活变得充实，她不再每天胡思乱想，虚度光阴。

重要的是，现在的她整个人看起来神采飞扬，自信满满，和之前那个一天到晚穿着睡衣，窝在沙发上的自己，简直有着天壤之别。看到敏如今的变化，我由衷地为她感到高兴。

每个人都是一个独立的个体，恋爱和结婚可以让你寻找到人生路上的伴侣，可这并不意味着你就要依靠对方，失去独立自主的能力。一个女人，只有坚强独立，懂得掌握自己的命运，才能更好地驾驭生活，让自己活得幸福、活得漂亮。

现代社会中，不乏很多自身条件和婚后生活很优渥的女性，但她们当中大部分人依然在为了自己的梦想和事业打拼着，尽最大可能发挥着自己的价值，并不断完善自我。

和那些依靠他人，为自己的懒惰和不思进取寻找借口的女性相比，为事业打拼的女性更能焕发光彩，更能得到众人的瞩目与仰望。

有这样一个故事：

有个好吃懒做的女人，什么工作都嫌苦嫌累，身无分文的她最后只好流落街头当了一名乞丐。当了乞丐还不思进取，整天做着白日梦，希望自己能被老天眷顾。

某天，当她又一次祈祷完毕后，发现自己面前真的出现了一位面目慈祥的老人。老人对她说："上帝被她每天祈祷的诚意感动了，可以免费帮她实现三个愿望。"

于是，她赶紧许下了第一个愿望：变成一个富翁。刹那间，懒女人便置身于一座豪华城堡中，城堡中堆满了各色各样的奇珍异宝。

接着，懒女人又许了第二个愿望：希望自己变成全世界最漂亮的女人。上帝二话不说，又满足了她的要求。

接着，懒女人又许下了第三个愿望：希望自己一辈子都不用工作。

第三个愿望一许完，懒女人之前拥有的财富和美貌立刻都消失不见了，她又变回了乞丐。懒女人不解，问老人："不是说满足我三个愿望吗？为什么变成这样了？"

老人说："事业是上帝给你的最大恩惠，作为一个女人，如果你整天好逸恶劳，只想当一个寄生虫，那你的人生将失去光彩。反之，只有事业才能让你富有活力，让你整个人神采奕奕、精神亢奋，可你竟然对上帝的恩惠不屑一顾，那上帝当然要收回所有了。"

看完这个故事，你能从中悟到什么呢？其实，一个女人的价值，就体现在她的事业中。事业不仅仅会让女人焕发光彩与活力，还有那种伴随事业而来的成就感、充实感和脸上流溢着的洒脱自信，是其他任何东西都比拟不了的。

事业除了带给女人独特的魅力外，从某种程度上来说，更能给女人带来安全感，因为它会让你变得底气十足。

曾几何时，你是否也曾羡慕过街头那些事业成功的职业女性？你是否也被她们身上散发出的独特魅力所吸引？如果是，不要再羡慕了，相信自己，你也可以变成和她们一样的人。

事业是女人能够独立的重要基石。如果你不想让自己变成一个寄生虫，想让自己变得坚强独立，那你就要挣脱传统思想的枷锁，用自己的才能与智慧去努力创造一番事业，打造自己的独特魅力。

女人，一定要依靠自己而活，一定要让自己拥有事业，这不仅仅是为了让自己活得洒脱漂亮，更是为了让自己更好地立足于这个社会，不让自己被轻易踢出局。因为有了事业，女人才会自信从容；有了事业，女人才能坚强独立；有了事业，女人才可以潇洒独行，做与众不同的自己；有了事业，女人才不会在死水般的生活中伤春悲秋；有了事业，女人才会更洒脱、更自由，既有写在脸上的自信，又有融进血液里的骨气，既有刻进生命里的坚强，又有长在心底里的那份善良！

# 孤单是一个人的狂欢

"孤单是一个人的狂欢，狂欢是一群人的孤单"，听着手机上一遍又一遍地放着阿桑的《叶子》，我的心中却在不断感慨，什么时候孤单成了自己的日常？什么时候三五成群的嘻嘻哈哈变成了一个人的形单影只？

越长大越害怕孤单，越长大身边亲近的朋友便越来越少，每个人都在忙着各自的事情，彼此间再也不可能像小时候那般无忧无虑成群结队地玩耍了。

一个人上下班，一个人吃饭、睡觉，一个人去旅行，似乎做什么都成了一个人。刚开始面对孤单时，我们彷徨无助，内心纠结万分，甚至痛哭流涕，觉得孤单就像世界末日来临那般可怕，可是当真正与孤单相处后，你便会发现，孤单也没有什么不好的，孤单会让你更加淡定从容。

久未更新动态的朋友麦子发了一条朋友圈动态："曾经我以为的地久天长原来不过是镜中月、水中花，曾经我以为自己只能依附他人而活，可如今一个人的日子我照样过得丰富多采。以前害怕孤单的我，竟然能与孤单为伴并享受孤单带给我的那份从容。"

看到麦子的这条动态，我很庆幸，她终于走过那段灰暗的岁月，变得坚强独立了。要知道她以前可是我们几个朋友之中最害怕孤单的人了，就连大半夜上个厕所都要叫人陪着。

后来麦子恋爱了，整天和男友形影不离，不管去哪两人都要在一块儿，就在大家都以为她终于找到了这辈子的依靠，不用再经历一个人的孤单时，他们却分手了。

那段时间，麦子整天把自己关在房间里，我们都很担心她会做一些傻事，可事实证明，我们的担心是多余的。

麦子很快调整了自己的情绪，换了工作、换了住所，她说她要学着与孤单为伍，去直面孤单，去坚强地过自己的日子。她再也不想依附他人而活了，她想让自己活得无所畏惧。

看到麦子的这条动态，我相信她早已从那段不成熟的岁月中走了出来，再也不是以前那个提起孤单就感到害怕的姑娘了。

很多人都害怕孤单，觉得一个人的日子太难捱了，仿佛连时间都是静止的，空气都凝固了一般。孤单的时候受了委屈找不到地方倾诉，连喜悦都无从分享，而这也是很多人害怕孤单、不喜欢孤单的原因。

可是，孤单却是一个人成长的必经之路。随着年龄的增长，每个人都有了自己要担负的责任，也都有了自己的事情要做，不得不面临一个人的孤单。一个人的时候，我们倍感孤独，想约会没对象，想逛街没人陪，想聊天找不到志同道合的伙伴。

一个人的时候，寂寞无助，甚至感叹自己做人失败，因为在自己最需要人陪的时候竟然找不到一个合适的可以陪伴的朋友。真的是这样吗？是做人失败吗？不，并不是我们做人失败，也不是我们没有朋友，而是因为在我们有需要、有无助的时候，那些朋友却因为其他原因不能赴约。

看着大街上车水马龙、人来人往，好一番热闹景象，再看看自己，你是否有那么一刻在心里埋怨老天的不公，凭什么他们都能有人陪着一起笑、一起疯、一起闹，为什么自己就要一个人面对孤单承受孤独，一个人面对生活的失意呢？

真的是老天不公吗？如果你真这样想的话，那就大错特错了。即使一个人面对生活的所有又如何？孤单是一个人的狂欢，在孤单中我们照样可以将自己的生活过得繁花似锦、趣味无穷。

孤单的时候，不必满世界寻找安慰与寄托，我们可以随心所欲不受任何束缚地去做那些曾在心里想却不敢付诸行动的事。因为我们不用去迁就任何人，去征询除了自己以外任何人的意见。

孤单并没有什么不好，孤单会让我们拥有更多的思考时光，孤单会让我们变得更加成熟有魅力，孤单能让我们对自己的人生有一个清晰而准确的规划。

提起唐代诗人李白，很多人都不会感到陌生。一生写诗无数的他曾说："古来圣贤皆寂寞，唯有饮者留其名。"正是因为享受孤单，所以他四处云游增长阅历和见识，并在孤单中成长，为后人留下了许多脍炙人口的诗篇。

著名国画大师张大千，为了研究画画的技巧，他离开家乡只身一人游历世界，只为自己的画画水平能到一个更深的层次。即使孤单一个人经历了很多不为人知的艰辛与劳苦，他也没有选择放弃。最终，他成了著名的国画、山水画大师，并被西方艺坛称赞为"东方之笔。"

诚然，孤单的时候，会面临各种各样的困难，难过了没人安慰，受伤了没人照顾，委屈了没人倾诉，可换个角度想，孤单却能帮助我们成长得更好。

在孤单中，我们可以静思己过，有更多的时间去审视自己的从前，规划自己的未来，以一种全新的姿态去应对生活的苦与乐、哀与愁。

就如作家林徽因曾说："红尘陌上，独自行走，绿萝拂过衣襟，青云打湿诺言。山和水可以两两相忘，日与月可以毫无瓜葛。那时候，只一个人的浮世清欢，一个人的细水长流。"

纵然是孤单的一个人，我们照样可以狂欢，谁说一个人不能逛街、不能看电影的，一个人的日子，想怎么精彩都可以。

一位画家，只有在一个人的时候才能不受外界打扰，心无旁骛地沉浸在创作中；一位优秀的作曲家，只有在夜深人静不被人打扰时，他的创作灵感才能得到尽情的发挥；一位创业失败、饱受生活打击的人，只有独自一个人时，才能毫无顾忌地宣泄内心的压力与负面情绪，让自己的心灵得到释放。

孤单的时候，不要顾影自怜，也不要去打扰身边那些忙得不可开交的朋友，试着享受孤单，让自己与自己独处，让自己在孤单中变得坚强勇敢、独立自主。

当然，孤单并不是让我们与世隔绝，做一个不食人间烟火的人，也不是让我们断绝一切人际关系去做一个高冷孤僻的人。

孤单，只是让我们闹中取静，拥有更多独处的时间去学习、去思考，让我们逐渐习惯一个人的生活。即便生活哪天给了我们无情的打击，我们也能坚强勇敢、独立自主，不依靠他人，也能将自己的日子过得风轻云淡、潇洒自如。

所以，好好享受孤单的时光吧！

# 宽容别人等于宽容自己

　　很多时候，每个人身上都自带纠错功能，看到他人犯了错，内心便迫不及待地想要把他人的错误纠正过来。对于他人的错误，我们似乎很难做到视若无睹。可是，同样是错误，我们却常常放松对自己的要求，并在犯错后轻易地原谅自己。

　　之所以这样，就是因为我们没能用一颗宽容的心去看待他人的错误，反而将对方的错误无限放大，所以才会抓住对方的错误不依不饶。而对待自己的错误呢，我们总是一次又一次地宽容大度，大事化小，小事化无，轻描淡写地一笔带过。

　　试问，当发现身边的朋友或同事说谎时，你是否会站在道德的审判台上，批评他们的品格和修养，甚至给对方讲一大堆道理，希望对方不再欺骗善良的自己。可是扪心自问，我们就没撒谎骗过他人吗？不管是善意的还是恶意的，一次都没有过吗？

　　当然是不可能的。人的欲望和情感都是很丰富的，有善良就必然有凶恶，在欲望和情感的驱使下，每个人都会犯错。

　　正所谓"知错能改，善莫大焉"，既然我们能轻易原谅自己的错误，为什么我们不试着宽容他人的错误呢？给对方一次改过自新的机会呢？只要你肯宽容对方，你就会发现宽容他人的同时，自己也能获得更多的幸福，收获更多的快乐。

　　我的一位远房亲戚李阿姨，今年已经整整结婚50年了。很多人经过这么多年的婚姻生活，都会觉得婚姻已经没有任何激情，双方只是搭伴过日子。

可李阿姨不同，即使一把年纪，她依然懂得婚姻保鲜，懂得维持自己的幸福。在她的金婚纪念日盛宴上，她向众人分享了她的幸福秘诀。

她说："夫妻之间过日子，哪有不磕磕碰碰的，就算牙齿和舌头偶尔也会碰撞。所以，从我嫁给他那天起，我就准备了一个小本子，并在心里对自己说，只要他犯错，我就会写在这个本子上，如果超过100条，我就和他分道扬镳。"

这时，人群中有人问："那叔叔犯错有超过100条吗？"

李阿姨笑着说："说实话，这么多年可能2 000条都不止。但为了给他改过的机会，为了让家庭幸福，我总是在本子上写了又划、划了又写。每当他犯错的时候，我都会反复地问自己，这些无足轻重的错误，我到底要不要原谅他呢？"

这时，台下又有人问："那你后来原谅他了吗？是什么促使你原谅了他？"

李阿姨接着说："因为他犯错，我每次心情都不会好，想和他大吵一架，可是我发现吵架并没有解决问题，我的心情还是很郁闷。所以后来，当他犯错时，只要不涉及原则问题，没造成其他的影响，我都会选择宽容他。宽容他之后，我发现自己的心情越来越好，吃嘛嘛香，而且宽容也会让他清醒地认识到自己的错误，并努力加以改正。后来，他犯错的次数越来越少了，我们的相处也越来越融洽和谐了。"

李阿姨的故事告诉我们，一个人若拥有豁达的胸襟和宽容之心，在包容别人错误的同时，自己也能从中体会到宽容所带来的快乐和幸福。

　　弥勒佛像前有一副对联是这样写的："大肚能容，容天下难容之事；笑口常开，笑世间可笑之人。"这对联同样也是告诉我们要有容人之量，对万事万物要以宽容之心待之。

　　只有把宽容落实到行动上，我们的矛盾才会越来越少，快乐才会越来越多；敌人才会越来越少，朋友才会越来越多。

　　古往今来，宽容之心让多少仇敌冰释前嫌，又让多少争端得到和平有效的解决。只有宽容，才能让人们化戾气为祥和，收获皆大欢喜的结局。

　　海纳百川有容乃大。大海之所以川流不息连绵不绝，也是因为他用宽广的胸怀接纳了来自四面八方的河流溪水，所以才会无穷无尽、永不干涸。学会宽容他人的错误，我们才能更好地修炼自己，提升自己。

　　俗话说"退一步海阔天空，忍三分心平气和"，以一颗宽容的心态去看待身边的人和事，你就会发现宽容会让你拥有另一种心境，会让你感到得到的比失去的要多得多。宽容会让你的愤怒情绪得到释放，会让你拥有一个好人缘，会让你不断反思自己，改变自己，更好地成长。

　　宽容并不会让你失去什么，只要仔细观察你就会发现，宽容可以将复杂的事情变得简单，可以将简单的事情变得更简单，这样我们就不用费尽心思去防范别人挟怨报复，更不用为了一些小事整天提心吊胆、小心翼翼。

　　人活于世，每天都会遇到形形色色的各类人，每个人性格特征不同、心态不同，对待事物的处理方法也会不同。在此过程中，难免会犯错或发生矛盾，但这些都不要紧，只要你能用宽容之心去对待身边的人和事，所有的一切都能轻易得到化解。

否则，你若揪住他人的错误不放，并时刻摆出一副敌对的姿态去怒怼他人，伤了双方和气不说，还会让自己的交际之路越走越窄。

有句话不是说"做人留一线，日后好相见"吗？你在宽容别人的同时，也是为自己换取了更多的机会与可能。你若宽容他人，对方自然记得你的恩情，你若顾忌了对方的面子，对方自然也会照顾你的感受。

要知道，多个朋友可是多条路，更何况"三十年河东，三十年河西"，风水轮流转，谁也不能保证自己就是人生永远的赢家。所以，为人处事只要留有余地，用宽容的心去对待他人的错误，我们才能让自己得到更好的成长与历练，才能让自己的人生收获无限可能。

天空之所以无边无际，是因为它从不在意每一片云彩的美与丑；山川之所以雄伟壮观，是因为它从不计较每一块岩石的棱角；大海之所以浩瀚无边，是因为它对每一滴水珠是否澄静都不深究。那些足够强大的人，从不会盯着别人的错处不放，因为他们的眼光只会停留在更广阔的天地中。去宽容他人的错误，去发现他人的优点，你会发现宽容别人也等于宽容自己。当然，宽容并不是让我们放弃自己的原则与底线，选择迎合别人、讨好别人，而是我们在保留自己原则与底线的同时，对那些无足轻重的小错误选择宽容和原谅。

唯有宽容，你的心胸才会豁达宽广，你的心情才会多云转晴，你的人生才会精彩绝伦，拥有无限种可能。

# 幸福的大小由心而定

你是否经常陷入这样的迷茫之中：为什么生活条件越来越好，可快乐却越来越少？为什么物质上的丰盈代替不了精神上的空虚？为什么想要的幸福遥不可及？

我相信，很多人对此都深有感触。不仅快乐幸福不见了，随之而来的那些烦恼与挫折还不断打击着我们脆弱的心灵。

生活酸甜苦辣咸，五味杂陈，在人生的道路上，我们总是不断地面临得到与失去，在此过程中，还会遇到一些不尽人意的事。很多人因为自身心理素质差，遇到些挫折就悲观厌世，觉得自己人生不幸，有的人甚至终其一生都没有明白幸福的真谛。

其实，幸与不幸，完全取决于自己的心态。你若认为挫折是上天对自己的考验，是为了历练自己，你就会从中感受到幸福。反之，你若认为自己倒霉透顶，做什么都不顺心，那你自然感受不到幸福的存在。

任何事物都有两面性，若你过于执着，不懂得换个角度看待问题，最终只会让自己痛苦不堪，备受煎熬。待年华老去、待两鬓斑白之后的某一天你自己回想起这些幼稚的举动，都会觉得可笑至极。为什么芝麻绿豆大点小事，都能困扰自己这么久，让自己错失幸福的时光。

最终，你恍然大悟，原来并不是自己不幸福，而是自己被烦恼和仇恨蒙蔽了双眼，以至于看不到身边触手可及的幸福。

幸福是什么？幸福就是喜欢的人对你笑，幸福就是每天有人关心你、问候你，幸福就是每天吃到可口的饭菜……幸福其实很简单，它每时每刻都萦绕在我们的身旁，就看你是否留意到它。

有的人常常因为一些小事就生气发怒，把自己置身于负面情绪中走不出来，久而久之，心情压抑看什么都不顺眼，更难以体会到快乐和幸福。

人生苦短，幸福快乐最重要，我们没必要对所有的事情都斤斤计较，应试着把自己的眼光放长远一些，胸襟放宽广一些，这样幸福快乐自然不会绕道走。

说白了，你的心里装着什么，眼里便看到什么。

宋代著名的文学家苏东坡，和得道高僧佛印是好朋友，二人经常在一起参禅悟道。某天，苏东坡又去找佛印参禅，看着佛印正襟危坐的样子，生性爱开玩笑的苏东坡便想调侃一下佛印。于是，他问佛印："佛印禅师，你看我此刻坐着的样子像什么？"

佛印看了一眼苏东坡，说："看来看去都像一尊佛。"听到这个回答，苏东坡甚是高兴，紧接着又问佛印，那你知道在我眼里你像什么吗？"

"说说看，像什么？"佛印示意苏东坡接着说下去。看着面前的佛印又黑又胖，苏东坡便说："我看你像一堆狗屎。"说完，他便哈哈大笑起来。

佛印听了这话，既没有动怒也没有反驳。

苏东坡以为自己赢了佛印，满心欢喜地回到家中便向自己的妹妹炫耀这事。

俗话说"当局者迷，旁观者清"，苏小妹一听这事，便劈头盖脸把自己的哥哥数落了一遍："哥，你真以为自己赢了吗？其实你错了，今天输的人是你。佛家常说'佛心自现'，你心中想到什么，眼里看到什么，就代表你是什么。人家佛印禅师说你像佛，是因为他心中有佛；而你呢，说对方是狗屎，这不正说明你的心中装着狗屎吗？"

心中想到什么，眼里便看到什么，心态的好与坏将直接影响一个人眼中看到的事物是什么样子，这就是所谓的由心而生。心态不同，人生格局自然不同。换言之，也就是说一个人幸与不幸完全来自于自己的心态。

幸福的大小由心而定。当你不再执着于眼前的不幸，当你不再执意与伤痛为伴，当你能放眼全局看待问题，当你能懂得换位思考时，幸福和快乐也就随之而来了。只要内心能感到幸福，那你的幸福就不会轻易被拿走。

所以，别再抱怨生活了，试着想开一点，想远一些，你就能拥有更多的幸福！

# Chapter 4 / 职场有多无情，你就要有多清醒

　　职场上处处充满"陷阱"，一不留神就有可能会吃亏。所以，对职场人士来说，保持清醒才是最重要的。初入职场的人应该想清楚自己想要的是什么？为自己设定好目标，然后心无旁骛地向着目标去努力，只有专注自己的工作，才能在职场上立于不败之地。

# 把兴趣当作事业真的可以吗？

兴趣和事业，有时候就像两条平行线，每个人都希望它们能交会，但往往事与愿违。有人把兴趣比作"恋爱"，做我们感兴趣的事就像与恋人相处，总是那么轻松愉快。而事业则是"婚姻"，经营事业就像经营婚姻，要负起一份责任，打拼事业时，除了感受到成功的快乐外，还要体会更多的酸甜苦辣。

有的兴趣就像逝去的初恋，年少时曾经为它疯狂，可是时间让我们天各一方，偶尔想起时，心头也会涌起一丝甜蜜和怀念。

我小时候爱看小说，也喜欢自己写小说，每天上课时都会偷偷地写自己脑海中那些天马行空的故事，笔记本都写了好几本。班上的同学都争相传阅我写的小说，我心想："长大以后我一定要成为一名作家。"

后来我渐渐长大，又有了其他的爱好，对写小说的兴趣也不那么大了，写小说就成了那个与我分开很久的初恋。以前写小说的那些笔记本已经发黄，还有一部分写了故事的笔记本已经丢失了。每次见到以前的同学，大家都会讲起我小时候写小说的事，虽然写小说已经不再是我最大的兴趣，但它却变成了一段最美好的回忆。

有一些兴趣就像曾经爱过，后来又变成好朋友的人，它能在关键时刻给我们提供帮助。

我有一个朋友，她大学本科的专业是工商管理。但她对日语十分感兴趣，也想系统地学习这门语言，她给自己报了日语班，通过努力学习她不仅通过了日语等级考试，还成为了翻译日本影视剧的字幕组成员。

　　不过，她大学毕业参加工作以后，就对日语的兴趣渐渐淡去，翻译字幕的热情也如潮水一样退去，虽然她最后选择的工作与日语没有关系，但是日语给她的生活和工作带来了很多便利和帮助，比如：她可以自由地到日本旅游，还可以无障碍地阅读日语小说，在工作上她也因为会日语获得了比别人更多的机会。像这样的兴趣，虽然不能成为终身的事业，但对我们来说也是一种成长和帮助。

　　还有的兴趣就像是当初很爱，但却不得不分手的恋人。我们都是人群中最普通的大多数，不得不为了生活而四处奔波，有些兴趣虽然是我们的心头爱，但却因为种种现实的原因而不得不放弃。也许，只有那些不顾一切、真正热爱的人，才能把它当成终身事业。

　　我的同事小林，曾经考过两次心理学研究生，我知道以后很惊讶，因为他现在的工作和心理学没有丝毫关系。小林说他很喜欢心理学，虽然他读的是其他专业的硕士，而且也参加了工作，但是他依然没有忘记曾经的心理学梦想——心理学博士。

　　目前，小林还是无法放弃高薪的工作去做学术，因为他深知做学术的辛苦和清贫，所以，他权衡再三之后还是放弃了。他觉得自己只是一个平凡的人，无法为这份兴趣放弃所有，所以，他现在仍然会在空余时间阅读很多心理学方面的论文和书籍，他希望未来当他有能力的时候，可以再去追求这份兴趣。

　　有的兴趣像是暗恋的梦中情人，只能远观却不能真正触碰，这样的兴趣对我们来说就是镜花水月，只能在心里想一想。

　　我的表弟就是如此，他一直以为自己很喜欢电影，还在网络上写过大量的影评，可实际上他只是喜欢看电影而已。看电影很容易，但是想要成为一个电影工作者却非常困难。刚开始表弟为自己写了很多影评而沾沾自喜，时不时以"影评人"自居，直到他看到了电影杂志上的专业评论文章后，才知道自己离专业影评有多远，对那些电影理论更是两眼一抹黑。

经过这番打击后，表弟依然不死心，他认为自己很有想象力，可以当一个编剧。于是表弟开始试着写一些小故事，当他真正拿起笔后才发现，自己写出来的东西与脑海中想象的完全不一样。从那以后，表弟依然很爱看电影，但放弃了当一个"电影人"的想法。

很多时候我们都会对某件事情产生冲动，认为自己也可以尝试着去做，但当我们真正了解以后，才发现要做这件事情其实并不容易。有些兴趣看上去很美好，大家都愿意去欣赏、去体验，可是却无法当成事业来做。

还有一类兴趣就像是老情人一样，离"婚姻"只差一步之遥，虽然我们很爱它，也不愿放弃它，但却无法给它更多。

我在网上认识的一位朋友小惠，她是一个手工达人，非常喜欢做手工，还开了一家自己的淘宝店。但是这个淘宝店的收入却十分有限，根本养活不了小惠，所以小惠还有自己的本职工作。手工已经成了小惠生活的一部分，给她带来了无数的快乐和成就感，但却因为种种原因，她不能把手工当作自己的事业。

虽然小惠对此感到非常遗憾，但她也不会放弃手工这门兴趣爱好。对她来说，这门兴趣就像是一杯酒，虽然不像米饭能让人吃饱，但是偶尔小酌一杯却是人生中不可缺少的乐趣。

说了这么多，我们到底要不要把兴趣当成事业来做呢？不是所有人都能与我们携手步入婚姻，也不是所有的兴趣都能成为事业。有的兴趣只是一时兴起，而有的兴趣则可以相伴终生，把兴趣变成事业不仅要有坚持的毅力，还要有合适的机会。

　　能把兴趣变成事业，是人生中可遇而不可求的幸福，如果能做到当然最好，如果不能做到，也不必强求。"要不要把兴趣当成事业来做？"这个问题就像是"要不要和恋人结婚？"我认为只有你自己才知道答案。

## 有什么道理是你工作之后才知道的？

有许多道理只有自己亲身经历过才能真正懂得，在亲身经历过以前，道理说一百遍都只是纸上谈兵。职场上的事同样是如此，有些道理就是读一百篇职场指南也弄不明白，只有工作后才会真正明白。

还有一些道理，当时不相信，只有真正踏入职场以后才知道是真理。如果有人对你说工作以后朋友圈会缩小，你会相信吗？很多在校大学生都不相信，在他们看来，工作以后会接触到更多的人，人脉也会随之扩展。事实真的是如此吗？

想象一下，工作以后的你每天朝九晚五、两点一线，还要时不时地应付加班，周末的时候只想在家里睡觉，连门都不想出。如果一直这样下去，你就会发现自己认识新朋友、建立新圈子的机会越来越少，而原来的同学和朋友也有了各自的新生活，联系也不如以前频繁，所以才会有"工作以后，朋友圈会缩小"这种说法。

如果你想打破这种说法，就要比旁人付出更多努力，把更多精力花费在建立人脉、认识新朋友上。可是，工作以后的社交圈比学生时代的社交圈更难以扩展和维持，这是不争的事实。因为，在学校结交的朋友更加单纯，喜欢一个人，就跟他交朋友，这是多么简单啊！可是工作以后，你却很难再单纯地与一个人交往，你们之间不是共事合作的关系，就是竞争关系。

有些你欣赏的人会跟你竞争，有些你看不上的人会成为跟你亲密合作的同事，有些你讨厌的人却又不得不跟他打交道，只因为他能帮到你。虽然你很不喜欢这些，但你却不得不融入其中。

更重要的是职场上的竞争更加激烈，而且这种竞争是全方位的。在学校的时候，只要考试成绩好，就会收获崇拜的目光。对学生来说，成绩就是一个人优秀与否最重要的衡量标准。

毕业于名校的你，带着一身荣耀和骄傲进入职场，以为可以继续延续在学校时的辉煌，却发现成绩与学历已经不再是核心竞争力。大家已经不关心你从哪儿来，考试考得有多好，他们只关心你能不能搞定工作。

职场上的竞争是全方位的，家庭条件、为人处世的能力、说话技巧，甚至连长相都成了竞争力。你曾经获得的那些证书，已经成了过去；你曾经引以为豪的那些优势，不过是诸多竞争力中的一种；那些你曾经不屑一顾的手段，也能在职场中发挥重要的作用；那些你认为不如你的人，也有可能在公司混得如鱼得水。这些事实都会让你感到无比失落。

在学校，父母会为你取得的好成绩而自豪，老师会为你的进步感到欣慰，同学也会为你开心，愿意分享你的喜悦。可工作以后，却没有多少人真心为你开心，你升职了，和你有竞争关系的同事就会不痛快；你被领导表扬了，有些嫉妒你的人也会不高兴；你工作做出了成绩，就正好衬托出其他人的平庸。

除了你的家人和朋友会为你高兴，其他的人其实不希望你过得比他们好。有些心理阴暗的人还会不怀好意地散布流言中伤你。因此，你不得不变得越来越低调，不再愿意与人分享你的喜怒哀乐了。

慢慢地，你发现有些问题你只能选择自己搞定。以前有家人、同学、朋友时刻陪在你身边，不管是学业上、生活上还是经济上遇到困难，他们都会随时对你伸出援手。当你有心事时、难过时、悲伤时都可以他们倾诉。

可走入职场后，家人和朋友不可能每时每刻都在你身边，同学更是天各一方，没有人能帮你解决问题。求助于同事无异于暴露了自己的弱点，显示出自己的无能，你宁愿自己咬牙撑下去，也不愿意暴露自己脆弱的一面。你会告诉自己人要学着成长和独立，所以不愿意再去麻烦别人，也不愿意父母再为自己操心，你选择了独自去面对所有的问题，工作后的你学会了什么事都自己扛。

工作后的你还会发现，时间流逝得飞快，还在象牙塔时，你几乎感觉不到时间的流逝，每天过得无忧无虑，而且每天精力无限，仿佛永远不会累也不会老。

然而，转眼之间，身边的朋友和同事都有了各自的家庭，他们聊的话题也从以前的游戏、电影、时尚，变成了婚姻、育儿和理财。而且大家一起出去玩的次数也越来越少，你也慢慢地从社交活跃分子变成了宅男或宅女。工作后，你不仅感觉到了时光的飞逝，也感觉到了从来没有体会过的疲惫。

工作后的你，被迫明白了很多道理，也体会了很多痛苦和无奈。职场中有快乐和希望，也有悲伤和失望，当你体会了这一切，会变得比以前孤独和疲惫，但是也变得比过去更强大！不管你喜不喜欢这种改变，它都会发生，这就是生活和成长。职场的历练给了你伤痕，更给了你一身坚硬的铠甲，有了它你就可以更勇敢、更坚强地走下去！

# 职场升职图鉴

初入职场的年轻人都想在职场上大展拳脚，也希望自己能找到升职加薪的诀窍。想要升职，首先要弄明白，公司会把升职的机会留给哪些人。

一般来说，大部分公司都愿意把机会留给自己人，它们更喜欢从现有的员工中提拔管理人员，除非现阶段内没有人能胜任该职位，公司才会选择空降人员。一旦空降人员到位，那么你所在的这条上升之路就被堵很长时间。

上司在判断一个人能否胜任某项工作时，一般依据的是这个人之前所做的工作，所以，平时的工作表现就是决定我们能否升职的重要因素，我们一定要认真对待日常工作。除了重视日常工作表现，还要尽量抓住一些升职的机会，因为日常工作大家都干得差不多，真正能拉开差距的是这些"机会"。

我根据一些资料，再结合个人经验，总结出了工作中的几种任务类型，这些类型的工作任务就是我们升职的机会，如果遇到这几种工作任务，必须要牢牢把握。

第一种任务是"平移型任务"，由于原本的工作做得不是很好，上司想让我们换一个岗位看看是否会有所改善，如果没能把握机会，还是做不好，那么别说是升职了，很有可能会被炒鱿鱼，所以这是一个"救命机会"。

第二种任务是"升级型任务"，上司给出这类任务，是因为我们已经把原有的工作做得很好了，上司认为我们可以挑战更高难度的工作，如果"升级型任务"完成得好，那么我们就踏上了职业生涯中上升的第一步。

第三种任务类型是"加分型任务"，这类工作任务是非常有挑战性的，它并不在你的责任范围内，但是需要有人来完成。如果我们能够高效地做好日常工作，就可以分出精力来完成"加分型任务"，这类任务是升职路上的重要部分。

如果每次接到重要任务，我们都能做好，上司就会交给我们更多、更重要的任务。完成重要任务的经验越丰富，升职的机会就越大。

不过，很多上司在分配工作任务的时候都是凭直觉的，这种直觉来自上司对我们的了解，也就是我们平时的工作表现。为了得到更多机会，我们必须把看似简单的日常工作做得精益求精，要知道，即使是拧螺丝钉这种重复性劳动也是可以做出花样来，所以不要嫌弃工作没有挑战性，更不要以此为借口不好好做事。如果连基本的工作都做不好，那么就更别说做出花样来了。

总而言之，如果想要升职，不仅要做到精通业务，出色高效地完成任务，还要做事主动、有责任心，以及具备一定的领导力。下面我们具体来看一看，应该怎样做，才能在这几个方面有好的表现。

首先，我们谈一谈如何做到精通业务，这件事说起来容易，但做起来却一点也不简单。有些工作的业绩是可以量化的，比如销售，对这类工作来说，"精通业务"就是把业绩做到最好，做到公司第一，或行业第一。

我们可以想一想？自己的工作业绩在公司里是什么水平？在行业内又是什么样的水平？算不算是最好的那一批？如果不算，要怎样做才能达到公司或者行业的最佳水准呢？

　　很多人看到自己和别人的差距后就会给自己找借口，一遇到困难就觉得"不可能""做不到"，不愿意尝试、不愿意努力。在职场上，能力平庸的人本来就占了大多数，只有少部分人能获得升职的机会，如果想成为那少部分人，就要用最高标准来要求自己，去挑战那些"不可能"的事，把自己的工作做到精益求精。

　　刚刚踏入职场的人往往缺乏经验，对行业了解不全面，对很多工作上的事务也没有经验，考虑事情不周全，对这些人来说，优化工作的最佳途径就是听取上司的意见。一般情况下，上司给出意见的地方就是没有做好的地方，职场新人要慢慢学着从这些意见和建议中吸取教训，弄明白自己和上司的差距在哪里。

　　如果一位员工已经工作了一段时间，但是还要靠上司提出的意见才能改进和优化工作，就说明他的工作能力已经不能让上司满意了。因为他既没有在工作中积累一定的经验，也没有培养出敏锐的直觉。

　　对职场新人来说，工作经验可以在以后的实际工作中慢慢积累，但敏锐的直觉一定要尽早培养。培养敏锐直觉的最好方法就是对"顶尖水平"进行模仿。公司交给新人的工作一般都是有样板可以模仿的，不管是公司内部的，还是同行业的，都有大量的优秀案例和"顶尖水平"的模板可以用来模仿。

　　我的朋友小亮是一名交互设计师，他刚入行的时候，为了提高自己的水平，他不仅把同事的设计拿来学习和参考，还把网络上所有关于交互设计的文档都下载下来进行学习。通过学习和对比，他很快就知道了自己有哪些问题，并在做的时候非常注意这些问题。工作了一段时间后，小亮不需要上司指出问题所在，就能发现自己的问题并改进。

　　有句话叫作"看得越高，水平越高。"意思是模仿和学习的对象越优秀，自己的眼界和水平就会越高。除了模仿本行业的"顶尖水平"以外，还可以借鉴其他行业的思维，比如用做产品的思路来做新媒体，用互联网思维来做销售。当然，要达到这种融会贯通的程度，需要一定的经验和专业能力，只有先精通业务，才能进一步创新。

获得升职机会的第二个关键点是主动性，主动性强的人，都会自己找活干。通过提高主动性来获得升职的方法，主要针对的是那些不能把业绩量化、没有大幅度增长目标的工作，比如行政工作。

从事这类工作的人大部分都只满足于刚好及格的成绩，只要完成工作就万事大吉了。可是一个大部分人都能完成的工作，本身并不具备增值的特点，完成它并不能为我们加分。

从事这类工作并且已经能轻松胜任的人，如果想要升职，就要思考如何超预期地完成工作。想一想工作中还有哪些值得改进、可以提高的地方。

我有一位朋友开了一家淘宝店，他给我讲了他公司里一位实习生的故事。这位实习生叫小余，她的工作岗位是客服。小余在回答顾客问题的过程中发现很多顾客都会重复问一个问题，反复回答一个问题非常浪费时间。

于是，小余想了一个办法，她统计出了最常见的几个重复问题，把这些问题放到了产品描述中。这样一来，不仅客服的工作强度降低了，整个工作流程也得到了优化。而且，小余还在每天工作结束后，对所有的顾客提问进行统计，把一些难回答的问题拿出来和大家讨论，最后形成了一本客服问答小手册。

朋友的公司对客服的要求是：顾客提问100%回复，单个回复速度在20秒以内，客户满意度95%以上，咨询后的下单率要达到60%。这个要求公司里的客服都能达到，但他们在完成工作后就满足了，不会再想着超预期完成工作。

小余就不同，她的主动性非常强，懂得主动找活干、主动发现问题。而且，她不仅发现了工作中可以优化的地方，还拿出了具体的方案，这样的员工对上司来说就是值得培养和提拔的。

现在，我们来转换一下角色，把自己的角色变成公司的上司，看看下面四种员工你喜欢哪一种呢？

第一种员工：发现不了任何问题。

第二种员工：发现了问题但不会解决，把问题扔给上司。

第三种员工：发现问题，默默解决，也不向上司汇报。

第四种员工：发现了问题，并拿出解决方案，经上司批准后实施。

第一种员工只会埋着头做自己手上的工作，不容易出错，但也很难被提拔。第二种员工虽然能发现问题，但却不能解决，还是要丢给上司，可能会招来上司的反感。第三种员工有些自说自话，上司会觉得他不受控制，并因此不敢重用他。第四种员工是上司最喜欢的，既让上司省心，又能让上司放心。

所以，工作中越能够发现问题、解决问题，对手头工作进行优化的人，越能够得到上司的赏识，越有机会升职。这样的人在职场上的成长速度也是最快的。我们在工作中一定要经常反思：我的工作中还有哪些地方是可以优化的？团队中还有哪些工作是可以优化、但还没有人做的？想升职，就要提升主动性，想办法超预期地完成工作！

关于如何升值，我想谈的最后一点是领导力。领导力主要体现在纵横沟通的能力上，纵向沟通是上下级之间的沟通，横向沟通是平级之间的沟通。

很多职场新人遇到的最大问题就是不会主动沟通，他们从来不会主动去找上司沟通，而是等着上司来找自己。其实，主动发起讨论、主动发邮件询问、主动汇报工作进度都是很好的纵向习惯。

如果等到上司来问："这个项目进展到哪了？""这件事我怎么不知道呢？"就说明我们的沟通工作没有做到位，上司也会认为我们不主动。

在工作中也不要经常说"我以为……"，当我们说出这几个字时，也说明了沟通工作没有做到位，有可能是没有和同事沟通好，也有可能是没有跟上司汇报清楚。沟通时出现了信息不对称才会发生"我以为"的情况，所以我们千万不要把"我以为"当作工作出错的借口，因为这句话本身就是错误的。

在工作之中，无论是上下级之间的纵向沟通，还是平级之间的横向沟通，我们都要重视，都要做到准确顺畅的沟通。只有这样才能让信息保持对称，让工作不出差错。

如果上下级之间的沟通出现了问题，不仅会浪费时间，导致工作衔接出现问题，还会出现推诿责任的现象。而且，员工与上司的视野不同，所得到的信息也不同，如果不跟上司沟通就做决定，很可能会导致双方都做出错误的判断。

举个例子，一个广告公司的销售新人在接广告时没有与上司沟通，而是按照自己"业绩第一，多多益善"的想法，什么广告都接。但上司的想法却是品牌形象优先，要选择优质广告。由于没有主动沟通，这位销售新人所做的工作就完全与上司的想法相悖了，当然不会得到上司的赏识。

沟通不到位，就会出现这种吃力不讨好的情况。沟通做到位了，很多事情就能事半功倍，而且沟通力是领导力的体现，是升职的必备技能。

最后，我来总结一下职场新人升职的三大秘诀，那就是：精通业务、主动优化工作、重视沟通。

# 别以为谁都要害你，奋斗的人根本没空搭理你

在职场上有这样一种人，别人的嘴巴一动，他就认为别人在说他的坏话，只要别人稍微有什么举动，他就认为别人要害他。其实，很多人都会时不时地陷入这种"疑神疑鬼"的状态，对上司和同事产生怀疑，认为谁都要害自己。

我把这种状态称为"职场被害妄想症"，这是"病"，也是职场大忌，一定要治！不过，在"治病"之前，首先要搞清楚我们为什么会突然理智全失，用阴谋论去放大上司和同事的一言一行？

心理学家德里克·克莱默说："人的大脑天生就会去搜寻和过度解读某种信息。"他认为这种本能会让人们在没有根据的情况下对某个人产生怀疑。当我们获得了各种怀疑同事和上司的线索时，一定会忍不住去进行联想和归因，并试图给我们怀疑的对象"定罪"。

人们对他人的怀疑和误解一般分为三种类型，第一种误解是"过度个人化的解读"，人们会把自己过去的遭遇与当前的局面联系起来，进行对号入座。这种心理就是我们所说的"一朝被蛇咬，十年怕井绳。"比如，没有及时收到会议通知时，会在心里猜测是不是某人针对自己，或者怀疑自己是不是被同事排挤了。

第二种误解是"将过失进行恶意归因"，有些人会把别人无意中的行为进行曲解，无心的过失在他们眼中就是恶意针对。比如，给同事发了一封邮件，对方没有及时回复，就开始琢磨对方是不是故意针对自己、怠慢自己，但实际上，同事只是因为太过忙碌而没来得及阅

读邮件。

第三种误解是"夸大阴谋论断"，这其实是一种很普遍的行为，办公室的另一个同事升职了，而有人恰恰在前段时间看到这位同事坐了上司的车，就会无端怀疑这位同事和上司之间有什么不正当的交易，哪怕这位同事只是搭个顺风车而已。

每当我们忍不住要开始怀疑同事和上司要对自己不利时，一定要提醒自己保持清醒，不要过度解读、妄加揣测。那么我们应该采取怎样的措施来克制自己的偏见和怀疑呢？

首先，我们要小心"弱者"心理作祟，社会心理学家德里克·克莱默认为，那些在群体中比较弱势或者掌握资源较少的人容易产生过度警觉的心理，这种心理会让误会和偏见加剧。一般来说，职场上职位较低的人之所以会保持怀疑和警惕，因为这些人认为自己是"弱者"，一旦出现任何问题，自己就是最容易蒙受损失的人。

克莱默教授在高校研究生中进行了一项调查，他从调查中发现，很多研究生都担心自己与导师的关系不够好，害怕导师会为难自己。而有趣的是，导师怀疑的对象也是自己的上司，他们同样害怕上司给自己"穿小鞋"。

人们怀疑上司会为难自己，而上司也在怀疑自己的上司，他们都不担心自己的下属为难自己。所以，我们在怀疑上司要"整"我们时，可以站在上司的角度想一想，也许他们正忙着和老板搞好关系，根本没空搭理我们！

其次，我们要收集更多更客观的信息，人们总是倾向于相信能支持自己结论的证据，而这些"证据"都是带着偏见的。在我们下结论之前，不妨试着去证明一下自己是错的，这样我们就可以试着跳出偏见，找一些更客观的证据，看看它们能不能推翻我们的怀疑。

第三，我们应该听取反对的意见，当我们说出自己的怀疑时，周围的朋友或家人也许会有不同的意见和想法。我们应该听听那些与我们持不同意见的人他们的看法，再来重新看待自己的怀疑，说不定听了别人的意见，我们就会觉得自己的想法很荒谬。

最后，不要让自己成为"孤岛"，把自己孤立起来，不和别人交流自己的想法，就会让"怀疑"在心中发酵。如果我们和几个有类似想法的人交流，更会助长这种多疑的情绪，因为这些人在一起只会不断为对方的怀疑提供佐证，没有一个人能站出来打破偏见。

不知道大家有没有注意到，那些多疑的领导身边总是围着一群唯唯诺诺的人。正所谓"兼听则明"，把自己封闭起来，没有广泛的信息来源，怎么能做出准确的判断呢？

在职场上，每个人都很忙，天天想着害人的人真的没有那么多，我们大可不必每天疑神疑鬼。与其怀疑别人要害你，还不如把精力放在工作上，多与优秀的人交朋友，让自己的眼界和心胸都变得更宽广。

# 为什么比你优秀的人还比你更努力？

　　记得上大学和同学一起去参加某个颁奖仪式时，同学看着台上领奖的人悄悄对我说："这个世界太不公平了，有的人不仅长得好，学习也好，我们这些普通人简直没有活路了。"我说："也许人家比我们更努力吧。"

　　在生活中，有的人就是台上那个领奖的人，而更多的人就像我和同学一样，都只能当台下的观众，一边羡慕着别人的风光无限，一边感叹着："为什么比我优秀的人还比我更努力！"

　　有一次，我问一个家庭条件很好，但工作很努力的朋友："你家里条件已经这么好了，起点比大多数人都要高，还这么拼命努力做什么？"

　　让我没想到的是，他告诉我："我觉得努力很爽！"

　　说实话，他的回答让我有点震惊，因为我实在想不出努力有什么让人感觉很"爽"的地方。相信大多数人都和我一样，暗地里默默地努力，但表面上却装作云淡风轻的样子，取得了一点成就以后，被人夸奖时也要装作很谦虚的样子。这样的努力虽然满足了我那可笑的自尊心，但它带给我的只有疲惫，所以我对这位朋友的话感到很不解。

　　后来，在一次很偶然的谈话中，我理解了这位朋友的想法。他提出了一个叫作"心流理论"的概念，这一概念由心理学家米哈里·齐克森米哈里提出，它指的是人们全神贯注地投入到某项工作以后，常常会忘记时间，失去对周围环境的感知，同时心理上会产生兴奋感和充实感。而且，心流体验带来的乐趣完全来自于全神贯注努力的过程，与外在的结果和报酬几乎没有关系。

所有像我一样的普通人，往往迫于社会和家庭的压力，而不得不"努力"。这样的努力只是在完成人生清单上的一个个任务，而不是在做自己真正热爱的事，很多人因为生活的压力，没有时间和精力去做自己感兴趣的事。

而那些比我们更优秀的人之所以还这么努力，是因为他们真的体验到了努力带来的乐趣，那种专注一件事的单纯的乐趣。我那位朋友觉得努力很"爽"也是出于这个原因，在他眼里努力是一件很单纯的事，是发自内心的想去做，而不是因为外界的压力。

为了验证这位朋友的观点，我又"咨询"了大学时代的一位学长，这为学长不仅家庭条件优越，在学校时学习成绩也十分优秀，他目前在国外从事物理方面的学术研究。记得刚上大一时，他就参加了全国大学生物理竞赛，并取得了很好的成绩，更厉害的是，大学还没毕业他就申请了实验室开始单独做项目。本科毕业后他选择了出国继续深造，现在仍然在学术的道路上继续努力前进。

我问这位学长："为什么你要这么努力呢？"他说："我觉得我没怎么努力啊，一切都是水到渠成。"在他看来一切都是自然而然的事，但是，真的像他说的那样轻松吗？水到了，可是"渠"总是要靠自己去挖的。这位学长的"渠"都是自己平时一点一滴挖成的，他不觉得自己努力，那是因为努力已经成为了他的一种习惯。

为什么学长会养成这种努力的习惯呢？回顾他一路走来的历程，我想大概是因为所有的努力都获得了回报吧，这种成就感让他喜欢上了努力的感觉，也就渐渐养成了努力的习惯。

这跟玩游戏是同样的道理，为什么有些人特别喜欢玩游戏呢？是因为游戏中一点一滴的进步都可以从经验值和排名中体现出来，只要我们认真打怪，经验值和战力值就会上升。

可是，在现实生活中，我们要面对的干扰实在太多，我们能影响的事物也很少，付出努力也不见得会有回报。有些人在一次次看不到回报的努力中渐渐失去了斗志，他们不愿意再去努力，而是选择得过且过。

我想，那些优秀却依然努力的人，一定是在这个叫作"人生"的游戏里找到了属于自己的成就感，只要他们努力就能获得"战力"和"经验值"。所以，在这场游戏中，他们能轻松取胜。

很多人看到这里一定会问："优秀的人能获得更多资源，然后努力变得更优秀，那我们普通人是不是一点机会都没有呢？"答案当然是否定的，我们一定要明白努力不一定有回报，但不努力一定什么也没有。

条条大道通罗马，这些道路中有捷径，有险路，有难走的路，也有平坦大道，也许我们没有那么多资源、没有那么多选择，不一定能走上那条平坦大道，然后心无旁骛地奔跑前进。但是，努力对于大多数普通人来说就是一条捷径，也许我们努力了也不一定能到达顶点，但是总会比过去的自己走得更远一点。

# Chapter 5 / 高情商的人，
## 从不为难别人

　　在职场上，只有高情商的人才会受欢迎，因为他们懂得"对事不对人"，也不会为一点小事就与人针锋相对，更不会被不稳定的情绪所左右，而且，高情商的人懂得如何争取和建立人际关系网，不会进行无效社交，他们善于与人合作，因此才能在工作中如鱼得水。想要在职场上获得成功，就要做一个高情商的人。

# 你需要学会“对事不对人”

同事之间最有效的沟通方式就是坦诚相待、实事求是，我们都应该用一颗公正、客观的心去看待同事和工作，“对事不对人”是每个职场人都应该遵守的做事准则，千万不要“看人下菜碟。”

“因人而异”是很多新人都容易犯的错误，处理事情要先看看对象是谁，再根据对方与自己的关系亲疏、职位高低等因素采取不同的应对方式。这样做的人往往认为自己很聪明、很会做人，殊不知他已经犯了职场大忌，很多人都是因为这个原因而栽了跟头。

把对对方的个人看法裹挟到工作事务中，这不仅是对他人的不公平，也有损自己的人格与诚信。不管面对任何人、做任何事我们都应该做到一视同仁、是非分明，只有这样我们才能在纷繁复杂的职场上立于不败之地。

我的大学同学艾琳在一家广告公司上班，她在公司有一位好朋友叫海岚，两人不仅是同事，私下里也是好姐妹。海岚比艾琳早入职两年，而且工作表现出色，很快就成了部门主管，成了艾琳的上司，但两人的友情却丝毫没有受到影响。

前段时间，艾琳由于失恋导致精神萎靡，在工作上经常犯一些小错误，海岚作为好朋友除了耐心开导艾琳外，还提醒她工作时要振作精神，不要再马虎出错了。恰好公司把一个重要会议的准备工作交给了海岚的部门，海岚将负责这次会议的所有准备工作，但她怕艾琳因为状态不佳而在这次的重要工作中出现纰漏，所以她对艾琳的状态和这次的准备工作都分外留心。

可是艾琳的工作还是出了问题，她交上去的材料中有很多数据都出现了错误，海岚检查出来后当着大家的面批评了艾琳。虽然艾琳被当众批评心里有些不是滋味，但她知道海岚一向对事不对人，而且的确是自己做错了，被批评也是应该的。部门里的其他同事们也对海岚很敬佩，认为她做事十分公正。

艾琳心里虽然不高兴，但她没有责怪海岚。而海岚作为上司批评了艾琳，作为朋友又私下安慰了她，并帮助她一起修订了资料。两人的友情并没有因为这件事而受到影响，还是一如既往地在生活中互相扶持，在工作上携手前进。

海岚不仅是一个好朋友，更是一位好上司，因为她懂得以身作则，对下属一视同仁，并不因为艾琳是自己的好朋友就包庇她，正是因为她的公平公正，才赢得了下属的敬佩和朋友的理解。

作为领导，当下属犯错时要及时提醒、严格要求，这是为了下属能把工作做得更好，但是批评只能针对事件，不能针对个人，这样的上司才能让下属心服口服。作为员工，对待其他同事也不能带有偏见，不要把自己的私人感情带入到工作中，这样才能建立和谐的人际关系。

在职场上，人际关系非常重要，而"对事不对人"也是保持人际关系和谐的关键。我们会因为某件事而对一个同事产生某些根深蒂固的看法，这样的看法会让我们对这位同事产生偏见，一旦有了偏见，我们就很难做到对事不对人。

打个比方，假如我们有一位同事因为某个客观原因，在某项工作上出现了好几次错误，而我们不考虑任何客观因素，就从主观上认定这位同事不称职或是能力有问题，从此以后就带着有色眼镜看对方，凡是与这位同事有关的工作都会反复挑刺，那么同事之间的关系就会越来越僵。

正确的做法应该是客观分析失误原因，具体问题具体分析，把出现错误的主观原因和客观原因分开，做到对事不对人，只有这样才会让同事吸取教训，同时也不会破坏我们与同事之间的关系。

除了客观看待问题以外，我们还要保持良好的心态。在职场上，态度决定一切，当工作出现问题的时候我们首先应该从自身找原因，主动适应工作需求，时刻保持积极向上的心态，这样一来，就可以从根本上避免"对人不对事"的错误。

另外，我们在批评或指正别人时，也只能仅限于错误本身，不能上升到对方的道德品质和人格，也绝不能用某一个错误来全盘否定对方，给对方贴标签，并进行人身攻击。睿智的职场人士应该用事实说话，有理有据地说服对方。

同时，"对事不对人"也是一种高情商的表现，这种处事习惯能让我们在看待问题时更理性，避免把私人恩怨带到工作中来，让自己工作时不受情绪影响，保持清醒与克制，这样做出的决定才更客观、更准确。

总而言之，对事不对人是一种优秀的工作作风，更是一种明智的处事态度，学会对事不对人，不仅让自己在职场上地位稳固，而且能得到上司和同事的真心认可。

# 要学会建立人际关系网

"一个人的成功，15%来自于他的专业知识，85%来自于他的人际关系。"这句话是戴尔·卡耐基说的。一个人能成功，人际关系在其中起到很大的作用，每个成功的人身后都有一张牢固的人际关系网。刚刚踏入职场的新人，也要开始学会建立自己的人际关系网。

编制人际关系网应该从哪些方式入手呢？

我认为最重要的一点就是主动与人联系，这也是建立人际关系的基本原则。要与朋友保持联络，别等到需要别人帮忙时再去找他，这样做未免也太过势力了。只有经常和朋友联系，友谊才不会消失和变味。

可以把与朋友联系看成一种"感情投资"，我知道这样说显得太功利，但是善待每位朋友，朋友自然也会善待我们，与朋友之间要有来有往，关系才能维持下去。如果双方之间，只有一个人积极，时间长了他也会觉得自己是"剃头挑子一头热"，从此就不愿再单方面他付出了。生活中，很多人都是这样慢慢地与朋友断了联系。

我有一位邻居老徐，最近遇到了一点麻烦，想找自己的老同学帮忙，可是电话还没有拨出去老徐就挂断了。我问他为什么不打了，他说自己已经很久没有跟这位老同学联系了，平时没有去看他，现在有求于他才去找他，实在太唐突了。而且老徐也没有把握对方一定会帮他这个忙。

如果老徐经常与这个老同学联系，经常进行"感情投资"，适时地关心老同学，那么现在他找老同学帮忙就会很自然。我相信，只要是在能力范围内的忙，那位老同学一定很乐意帮助他。

现代社会节奏越来越快，人们联系也越来越简单，就算对方身在大洋彼岸，我们也可以和他联系。所以，很多人都认为朋友之间的关系没有必要维持，也不会主动关心朋友的现状，慢慢地，朋友之间的关系就会越来越疏远。不过，每个人精力有限，建立人际关系网时也不应该太盲目，否则我们自己也会疲于应付。

要建立一张人际关系网，首先就是要筛选，把与自己有直接关系和间接关系的人记在一张纸上，把没有什么关系的人记在另一张纸上，把有用的留下，无用的去掉。

然后，分析自己认识的人，把这些人按最重要、比较重要和次要这三个类别进行分类。至于哪些人重要，哪些人次要，要根据自己的情况来定。做好分类后，哪些关系需要重点维系，哪些朋友需要经常联系，就一目了然了。我们还可以根据每个朋友的重要程度不同来制定交际策略，科学地分配自己的精力和时间。

最后，还要把人际关系进行分类，可以按地域分类，也可以按行业分类，这样我们对自己的人脉资源就一目了然了，一旦需要朋友的帮助，就能很快找到相关领域内的人脉。

有了一张好的人际关系网，还要懂得如何保护和维系这张网，让它持续活跃并不断扩大。我认为一张优秀的人际关系网，一定是动态的、可调节的。

有时候，我们的人际关系网是需要调节的，如果我们的奋斗目标变了，弃文从商了，或是从一个行业转到另一个行业了，我们的人际关系网也会随之发生变化。我们常驻的地理位置发生了变化，从一个地方迁移到另一个地方，人际关系网也会改变。还有一种情况就是，我们与朋友的关系发生了变化，不再信任彼此，友谊消失了。

我的邻居张丽是一个很热衷于搞人际关系的人，可是她的朋友们却都不愿意在关键时刻帮她，这是因为她在交朋友时缺乏应有的真诚，所以她也得不到别人真诚的对待。那张丽是怎么交朋友的呢？

她每次认识新朋友时都十分热情，嘴巴也很甜，但是时间长了以后就对对方十分敷衍。有时候，朋友想找张丽帮一些小忙，可她总会想办法推脱，不愿意帮助对方。除了口头上的奉承和赞美，张丽不愿意为朋友付出任何时间和精力。

慢慢地，朋友们渐渐疏远了张丽，因为他们都认为张丽是一个不值得真诚相交的人。张丽不愿意对朋友付出真心，所以她也失去了朋友的信任。失去朋友的信任是我们最不愿意看到的事，因为失去了信任，就意味着友谊的消失和人际关系的破裂。

导致失去信任的行为有很多种，除了欺骗对方以外，还有语言上的伤害，很多人在与朋友的交往过程中口无遮拦，不注意自己的说话方式。这样一点一滴的伤害逐渐积累之后，人际关系网就会慢慢被破坏。

关心别人也是维护人际关系网的重要原则，想学会关心别人就要先关注别人的感受，我们可以从自身的感受出发，体会别人的感受。比如，当我们生病时，一定希望有人能关心我们，那么当朋友生病的时候，我们也应该对他表示关心。

除此之外，我们还应该尽量了解自己身边的同事和朋友，只有多了解他们才能在人际交往中投其所好，才能够避免冒犯别人。越关心他人的人，越能得到他人的尊敬和喜欢。

# 请停止无效社交

我发现很多刚进入职场的新人，都很容易走进"无效社交"的误区。无效社交，也可以被称为无效人脉，就是指那些无法给精神、感情、工作、生活带来任何帮助和愉悦感的社交活动。从小到大，家人都教育我们要和别人搞好关系，要多交朋友，但是仔细想一想，有些社交真的有必要吗？有些所谓的"人脉"真的对我们有帮助吗？

最近，我的堂弟问我："怎么样才能认识一些很厉害的人？"他刚刚进入一个新的行业，急于认识一些行业内的大咖。

我说："你可以尝试着多跟他们交流，多向他们学习。"

堂弟泄气地说："我想方设法地和他们搭话，向他们请教，他们对我也很亲切，可是最后的结果还是我认识人家，人家都不认识我。"

我又问了堂弟一个很直白的问题："你觉得自己的履历有什么过人之处吗？"

堂弟回答："没有，我的履历很普通，所以才想认识厉害的人啊！"

人人都想认识大咖和牛人，可是想让大咖和牛人认识自己却很难，像我堂弟一样既没有代表作品，又没有过人履历，更没有厉害的平台作为依托，想认识这些大咖就更是难上加难了。而对方对我堂弟态度亲切，只是出于涵养和客气，并不代表他会接纳我堂弟成为自己朋友圈的一员。

有人又要问了，难道就没有愿意提携后辈的行业大咖吗？当然有，但大咖愿意提携的前提是，这位后辈拥有过人的才华或者优秀的作品，即使这位后辈在行业内还没有名气，但至少应该是一个"潜力股"。

鲁迅对萧红的提携就是如此，要知道萧红在成名前，在文坛中只是一个籍籍无名的小人物，而鲁迅却已经是久负盛名，与他来往的人都是蔡元培、胡适、陈寅恪这些鼎鼎大名的人物。

当时的无名小辈萧红又凭什么成为鲁迅的座上宾呢？那是因为鲁迅看到了萧红的过人才华，鲁迅也欣赏萧红充满力量的文字，所以，鲁迅先生愿意与萧红平等地交流文学和思想，还高度赞扬她是"当今中国最具前途的女作家"。

从萧红的例子我们可以看出，想要结识厉害人物，自己就要成为一个厉害的人。与某位大咖有过几面之缘，说过几句话，只能让我们在朋友面前炫耀几句："我认识某人！我跟他聊过……"

成为这些大咖中的一员，走进他们的朋友圈，才是真正意义上的"认识"，否则就是一种无效的社交。而且，过于积极地套近乎，还有可能会被对方嫌弃。

前不久，我的一个微信群中就发生了这样的事，那个微信群是一个大咖云集的行业内部群，里面有很多资深媒体人和畅销书作家，平时大家在群里谈天说地，互相帮助，相处得十分融洽。

可是，有一次有人拉了一个新人进群，这位新人一看到群里有这么多大咖，就十分兴奋地把每个大咖的微信都加了一遍。如果对方没通过她还会重复添加，大家都觉得不堪其扰，私下一交流，才发现每个人都被这个新人"骚扰"过。

最后，有一位性格比较直爽的作家向群主反映了这个情况，群主就把这个人从微信群里"请"了出去。因为这件事，群里多了一条"请勿随意添加群成员"的规定。

这位新人很有社交的野心，可是她的实力、地位和资源都无法和这种野心匹配，所以她做的都是无效社交。许多初入职场的人都会和这个新人犯同样的错误，企图用认识大咖来扩展自己的社交圈，但是这样的无效社交是没有任何实际意义的，它既不能帮你扩展人脉，也不能帮你获得任何资源。

在生活中，还有另外一种无效社交，我把它称之为"收集癖式社交"。有一种人，相信大家一定都遇到过，他们总是繁忙地穿梭在人群中，不停地攀谈、搭讪、交换名片、加微信，手中的名片积攒了一大堆，微信的好友列表也越来越长，他们还常常自诩人脉广，认识的人多。

但是，在我看来这就是无效社交，他们手中的名片和微信里的好友都是虚拟的成就。名片拿到手后就忘了，交换了电话号码却从没拨打过，微信添加的好友除了最初的打招呼和节日的信息群发，就再也没有别的交流。可见，仅仅靠交换名片和添加微信并不能顺利地进行社交。

我曾经看过这样的新闻，讲的是一个人有疯狂的收集癖，十几年来不断地囤积物品，把自己的房子都塞满了，最后连睡觉的地方都没有了。我觉得疯狂收集名片和微信好友的行为也像是一种"收集癖"。

那么，出现这种"收集癖式社交"的原因在哪里呢？我想，主要原因就是因为他只重数量，不重质量。只有提高社交的质量才能避免无效社交，而社交的质量体主要体现在两个方面。

一是交往对象的质量，我们不能没有选择地进行社交，必须要花时间考量这个人是否值得继续交往，要看看他与我们是否志趣相投，人品是否可靠、是否在某些领域有交集。亲人无法挑选，但朋友却是我们可以选择的，如果让那些我们不喜欢、也不重要的人充斥在朋友圈，只能浪费自己的精力，为自己徒增烦恼。

二是交往的深度，交换名片和加微信只是社交的开始，此时我们和对方的联系还十分微弱，就如同蜻蜓点水一样，即使前期谈得再投机，如果不再继续联系也是没用的。仅仅只是认识，没有跟进，我们如果想仰赖这样的关系，那几乎是不可能的。

交换了名片、加了对方的微信以后，我们应该把社交继续进行下去，因为朋友与路人最明显的区别就是彼此联系的频率和方式。当我们要认识一个陌生人，并与他发展一段新的人际关系时，应该要让对方至少通过3种联系方式看到或听到我们的名字，比如直接见面、电话联系、邮件书信和社交网络等联系方式，只有这样对方才会对我们有深刻的印象，把我们从陌生人划到普通朋友的阵营。

如果与对方的第一次联系是通过社交软件，第二次就可以打电话，紧接着就可以见面，如果能有一个共同的朋友时不时的在对方面前提及我们，那就更好了。当然，这些社交还只是停留在泛泛之交，如果要深度交往，就要参与到彼此的生活中去。

所以，交换名片和加微信，不算真正建立了联系，拿到联系方式以后应该把它们用起来，才能展开真正的社交。别再进行"收集癖式社交"了，也别再费力地想办法结识那个让你仰视的大咖了，努力提升自己的价值，把名片上和微信里的人变成真正的朋友，建立有助于自己的朋友圈，这才是有效的社交。

# 真诚是缓和针锋相对的一剂良药

　　我的邻居小张在一家大公司的市场部工作，有一次，上司让他和同部门的小徐各写一份开发新市场的方案。小张和小徐分别提交了方案以后，上司却拿不定主意了，因为小张和小徐设计的方案中有很多理念都完全不同，上司为了不厚此薄彼，让小张和小徐就方案进行协商，找出两个方案的兼容点，拿出一个最终的方案来。

　　小张和小徐收到上司的意见后，马上展开了讨论，他们希望能把两个方案中的精髓融合到一起，但是要做到这一点非常不容易。小徐觉得自己的方案十分完美，小张也觉得自己的方案无懈可击。所以，当小张提出一个观点时，小徐就会说出一大堆反对意见；而当小徐想用自己的观点来说服小张时，小张也会开始横挑鼻子竖挑眼。

　　小张和小徐两人争锋相对，谁也不服谁，始终无法达成一致，导致最终方案不得不一拖再拖，最后上司不得不出面进行干涉，他明确地对两人说："不要全盘否定别人的观点，要真诚地听取对方的意见，注意吸收好的观点。双方之间可以有不同意见，但不要针锋相对，鸡蛋里面挑骨头。"

　　经过上司的调节，小张和小徐改变了之前的做法，每当对方提出一个想法时，他们都会客观、公正地进行分析，认真地权衡利弊，很快两人达成了一致，共同完成了新市场开发的最终方案。

　　在工作中，很多人都害怕自己在交流中处于弱势，于是千方百计地想办法说服对方，企图用针锋相对的方式来压倒对方，而这种方式却让我们丢失了与人交往的积极态度，同时也失去了建立良好人际关系应有的真诚。

有的人会觉得与人互动和沟通很困难，这是因为他们已经在心中对他人竖起了一道铜墙铁壁，这道铜墙铁壁保护了自己，但也隔绝了沟通。其实，他们的内心是渴望与他人接触和交流的，但他们却不能以轻松的精神状态和真诚的态度来打开自己的心，甚至在交流刚开始的时候，他们就已经摆出了防守的姿势。

我认为，这些人没有把对话当成真诚的沟通，而是当成了一种博弈。他们的心里总是想着"先看看对方说了什么，我再根据情况来回复他。"这种缺乏真诚的心态使人很难轻松自在地与其他人沟通和交流，并且很容易就因为一些很小的分歧和矛盾就与别人形成对立。

与别人出现矛盾或意见不一致的时候，通常情况下，人们都会在心里产生抵触的情绪。会产生这样的想法："你冲我发脾气，我也不会对你有好脸色""你不认同我的观点，我也不会认同你的""你骗了我，我也不会对你说实话"……比起自己，人们更在意别人说了什么，做了什么。

正因如此，很多人都选择了"针锋相对"作为保护自己的一种方式。但是，这是一种非常不礼貌、也不利于我们职场发展的交流方式，同时也不能实现有效的沟通和分享，双方的强势只会让矛盾迅速升级，让局面变得更加糟糕。

在西方，很多企业的老板和工会组织之间常常因为利益而发生激烈的冲突。如果老板想在员工的工资和福利上采取更严苛的制度，工会也会针锋相对地采取反制措施，比如抗议或者向媒体进行控诉。一旦工会的措施让老板感觉自己受到威胁，他就会采取强硬的手段，比如开除员工中的领袖，而工会的反击则会更加激烈，比如组织集会游行或者进行大罢工等。

随着老板和工会之间的矛盾愈演愈烈，公司的生产将会陷入停滞，甚至直接破产，工人们也会因此失业，许多家庭也会失去经济来源，工会和老板都得不到任何好处，这样的结果是所有人都不愿意看到的。之所以会出现这样的结果，是因为双方都缺乏真诚沟通的态度，以及合理有效的沟通手段，因此才会从分歧直接走向对抗。

其实，只要其中任何一方愿意真诚沟通，并改变自己的策略，最后就不会形成针锋相对的局面，可是却没有一个人愿意做出让步，所有人都被情绪左右，让事件陷入了恶性循环，这种不断升级、并且难以化解的对抗已经成了很多西方企业与工会之间的死结。

"你要是敢这样，我就会那样"，这是一种非常普遍的针锋相对的心理，产生这种想法的人已经完全拒绝了真诚沟通的可能，把自己的行为和理智完全交给了情绪，任由情绪去主宰一切。他们更不愿去了解对方的内心感受，也不会在意自己是否会激怒对方。随着双方的情绪失控和言语上的互相攻击，矛盾只会进一步升级。

而解开这个死结的唯一方法就是跳出这个循环，真诚地与对方沟通，倾听对方的心声，并且还要尽量约束自己不要被对方的言论所左右，不让自己在矛盾冲突的影响下失控。

化解针锋相对的唯一良药就是真诚。首先，我们要真诚地为对方考虑，如果感觉自己的话有可能会伤到对方，就要在谈话之前提前给对方打个预防针，事先安抚对方的情绪，或告知对方我们要谈的大概内容。这样可以让对方有个心理准备，避免对方受到刺激。

另外，如果对方已经因为我们的话产生了激烈反应，那么我们就应该及时停下来，并积极地做出解释和道歉，让对方的情绪平复下来。继续针锋相对下去，结果只能是两败俱伤。

除了真诚地为对方考虑以外，我们还应该真诚地倾听对方，给对方一个解释的机会，让他阐述自己的想法、表达自己的感受。我想，通过这样真诚的沟通，双方之间的误会一定会被化解，矛盾也可以被暂时搁置。如果不拿出真诚的态度来沟通，双方的关系只会越来越糟，而糟糕的同事关系，一直都是阻碍职业发展的拦路石。

与同事之间的沟通应该是真诚而友好的，出现分歧时应该坐下来协商讨论，而不是进行辩论。辩论的目的是说服对方，而我们的目的是解决问题，千万不要本末倒置。为了建立和谐的人际关系，和同事形成良好的协作，我们必须走出针锋相对的误区，用一颗真诚的心与他人进行沟通。

# 情绪化的人如何做好情绪管理

情绪具有无与伦比的力量，它可以像宁静的港湾，安抚一切、包容一切，也可以像狂暴的巨浪，把一切都卷入深渊。能够控制情绪的人，已经驯服了心中那个躁动不安的野兽，他们会因此获得无限的力量。

观察一下身边那些快乐而温和的人，他们都有一个共同点，那就是能很好地控制自己的情绪。稳定的情绪帮助他们让事情朝着自己预期的方向发展，即使中间遇到了无法预料的事，他们也能迅速地调整心态。相反，那些容易被情绪左右的人，往往处在失控的边缘，他们就像暴风雨中的一叶小舟，控制不了自己的喜怒哀乐，经常被情绪左右，做出让自己追悔莫及的事。

无论什么时候，我们都要做情绪的主人，我们应该控制情绪，而不是被情绪控制，只有控制自己的情绪，支配自己的行为，才能把自己从黑暗中拯救出来。

我有两个高中同学，一个叫张帆，一个叫张航，他们是一对兄弟，张帆是哥哥，张航是弟弟，虽然两人长得很像，但性格却完全相反。哥哥张帆为人和气，性格豁达爽朗，无论面对什么情况都能保持积极乐观的心态；而弟弟张航却相反，他情绪波动大，容易大喜大悲，平时只要遇到一点小事，就会陷在自己的情绪中无法自拔。

这几年就业情况不景气，两人大学毕业后都没有找到合适的工作，在一次次的面试和等待中，两人渐渐开始为自己的未来发起愁来。因为两人都没有经济来源，只能靠家里，他们看到父母辛苦的样子心里都十分不好受。

投出去的简历一次次石沉大海，弟弟张航开始闹情绪，不肯再出去面试工作，父母和家人都想尽办法安慰他，给他加油打气，他也不愿意再踏出家门一步。哥哥张帆只好一个人继续找工作，但他仍然没有找到自己满意的工作，为了给家里减轻负担，他决定先找一份小公司的工作，赚取生活费的同时也可以积累一些经验，以后再慢慢物色更好的工作。

张帆应聘到了一家小公司，从最基础的活干起，毕业于名牌重点大学的他并没有因此感到尴尬和不满。而且张帆除了工作外，还会抽出时间来学习，很快他就把不如意的情绪抛到了脑后。工作期间，张帆还报名参加了行业相关的资格考试，考了一个含金量很高的证，一年多以后，凭借之前的工作经验和手中的证书，张帆顺利跳槽到了一家业内有名的大公司。

与哥哥相反的是，弟弟张航这一年多以来一直待在家里，成了一名"啃老族"。其实，在张航待业期间，也有公司打电话让他去上班，但是他却嫌待遇太差，拒绝了这些公司的邀请。在日复一的日等待中，张航变得越来越消沉，父母和哥哥张帆看在眼里、急在心里。

但是，当父母一开口张航就表现得十分不耐烦，父母怕刺激了他也不敢再多说。哥哥张帆开口劝他，他就认为是在嘲讽他，最后家人都不敢再劝他，直到今天张航也没有一份正经工作。

深陷在自己情绪中的张航把别人的好意全都曲解了，本来能够克服的困难也被他放大了，失控的情绪就像一场龙卷风，席卷了他的生活，让他从一个前途无量、意气风发的大学生变成了一个无业游民。如果张航不能克服自己的情绪问题，重建自己的生活，那么他的人生将彻底被情绪摧毁。

情绪可以让小事被无限放大，如果不能及时控制情绪，很有可能会出现无法挽回的结果。在我们的身边，有多少人因为一时的挫折从此一蹶不振？有多少夫妻因为情绪失控而走到了离婚的地步？又有多少人因为一时的冲动就毁了自己的事业？情绪失控的破坏力远远超乎我们的想象，所以我们一定要学会控制情绪。

在学会控制情绪之前，我们要先认识情绪，情绪是一种十分常见、复杂又重要的心理现象，它是心理状态的晴雨表。情绪的变化一般是由于外界的刺激引起的，它可以对我们的生活和事业产生重要的影响。控制好情绪，平衡好感性和理性，管理好内心的魔鬼和天使，是我们每个人都必须要做的人生功课，也是一个人情商高低的体现。

说到情绪管理，就不得不提到我们大脑中的杏仁核，杏仁核是我们的情绪中枢，掌握着我们本能的情绪反应。然而，在我们大脑的外层，还有一种叫做大脑皮层的神经细胞体，它是我们的理性中枢，可以帮助我们保持理性。

当我们受到外界刺激时，我们大脑中的视丘会通过两种途径把刺激传递给杏仁核，一种途径是直接传输，还有一种途径是先传给大脑皮层，再传到杏仁核。

其中，直接传给杏仁核这个途径更简单也更狭窄，所以信息传输速度更快，但传输的信息量较小，只能传输所有信息的10%，剩下的90%会经过大脑皮层处理后，再传输到杏仁核，虽然速度变慢，但是更准确、更全面。

所以，我们在遇到某些情况后，会在极短的时间内，对不完整的信息做出鲁莽、冲动和不恰当的反应。如果我们能稍微冷静一下，等大脑皮层处理过的那部分到达杏仁核后，就能做出更理智和准确的判断了。

其实，从某种层面上来说，情绪管理就是感性等待理性的过程。想要控制和管理自己的情绪就要慢下来，学会等待。当坏情绪来临的时候，我们的内心会有一种被冒犯、被伤害、被轻视的感觉，进而产生愤怒，烦躁、焦虑或悲伤等情绪。此时我们不要急着表达自己的情绪，而是应该先等一等，让内心稍微平复以后再做出反应。

学会延迟表达情绪，能够让我们有效地避免因冲动而做出让自己后悔的事，也能帮助我们控制情绪，具体来说我们可以从两个方面来进行情绪的"主动延迟"。

首先，愤怒时要先等一等，因为愤怒所带来的情绪反应往往是十分激烈的，我们常常会在愤怒的支配下做出一些冲动而不理智的举动。比如，对同事和上司出言不逊，与他人大打出手等，这些行为都会对我们的生活和事业产生不良影响。所以，当愤怒来临时，不妨先努力克制自己的怒火，让自己冷静下来，等理智回归时，再做出决定也不迟。

其次，抱怨时也要先等一等，抱怨是职场上一种很常见的情绪，各种各样的抱怨充斥着我们的耳朵，抱怨上司的不公、抱怨工作太多、抱怨同事犯的错。人们选择抱怨只是为了释放自己的压力，并获得别人的同情和认可。可是，抱怨只能带来嘴上的痛快，却不能解决实际问题，而且爱抱怨的人在职场上也是不受欢迎的。所以，当我们想抱怨的时候，应该先等一等，并问一问自己，是否真的只图一时爽快，让自己变成让人反感的抱怨精。

　　想要学会控制自己的情绪，我们首先要搞清楚，我们需要的究竟是发泄情绪，还是解决问题？如果想要解决问题，就要学会让感性等一等理性。我们可以在情绪爆发之前，先深呼吸几下，让发热的大脑"冷却"以后再开口说话。

　　情绪不是洪水猛兽，也没有好坏之分，每种情绪都有它存在的意义，我们要与自己的情绪共存，要学会控制情绪，做情绪的掌控者。

# 你以为的耿直，在别人眼里就是情商低

"你怎么一点玩笑也开不起！""恕我直言，你的新衣服真的不好看。""好久不见，你怎么又胖了！""不喝这杯酒，就是不给我面子。""我这个人说话比较直，你别介意。"这些话你一定和我一样听到过无数次，听到这样的话，我们除了无奈还是无奈，然而，这样惹人反感的话，在某些人眼中却成了"耿直"

我经常听到一些职场人士对别人说："我这个人很耿直"。仿佛这是一个了不起的优点。但是，他是不是真的耿直呢？这还真不好说，因为有太多人把情商低当作了耿直，他以为自己很耿直，实际上在别人眼里就是情商低。

而最典型的低情商行为，就是以说话直、性子直来要求别人包容他的行为和语言，要别人原谅他的冒犯。这样的人把"耿直"当成了自己的挡箭牌，以为告诉别人自己很耿直，就可以随便乱说话，不需要顾虑场合和他人的感受。实际上，这种行为在他人眼里就是一种刻意的冒犯。大家都是成熟的职场人士，都要为自己的言行负责，没有人能超脱在规则之外，也没有人可以借"耿直"之名来伤害别人，这样做的恶果会使自己被其他人孤立。

我以前有一个同事，大家都叫他小江，他就是一个看似"耿直"实则情商很低的人。他最常说的话就是："我这个人说话直，你别太介意。"这句话仿佛成了他的"尚方宝剑"，让他肆无忌惮地乱说话。今天说这个同事穿衣没品位，明天说那个同事工作不认真，一开始同事们懒得与他计较，干脆不理他，可是后来他却跑到领导那里告状，说大家不尊重他。所以，他到底是耿直，还是小心眼呢？小江的故事告诉我们，遇到自称"耿直"的人还是小心为妙。

耿直的本意，是指为人处世虽然不够圆滑，但内心善良正直。可是，现在却因为一些情商低的人导致这个词变成了贬义词，因为他们总是打着"耿直"的旗号来伤害别人。有些人只想发泄自己的情绪，不顾别人的感受，而有的人是出于好意，却没有掌握正确的说话方法。如果你是后者，你很在意对方的感受，也不想让友谊的小船说翻就翻，那么你就要改掉心直口快的毛病。

其实，我曾经也犯过"心直口快"的错误，导致朋友生了很久的气。有一次，一位朋友让我帮她修改一篇文章，我拿到文章一看，错别字不少，标点符号错误更是数不胜数，于是，我不假思索地把她所有的错误全部一股脑地当着大家的面全说了出来。当时朋友并没有说什么，可是后来好长一段时间她都没有理我，直到我们再次见面，才把这个问题说开了。

朋友对我说："我知道你指出的错误都是对的，而且你也是为了我好，但是你当着大家的面说我，让我心里很难受，你还一直数落我马虎，让我觉得有点受伤。"听了朋友的话以后，我想如果我当时能够换一种表达方式，或者私下里跟她说，那么结果一定会不一样。

很多人都说"良药苦口利于病，忠言逆耳利于行。"话虽然没错，但是如果我们能在提意见时，多考虑一下对方的感受，说话多讲究一点策略，那么最后的效果一定会更好。既然"好话"也能达到目的，那么我们为什么要说不中听的话呢？

其实，有些话三言两语就能说明白，但是有些人为什么要旁征博引、旁敲侧击呢？因为他们充分考虑了听者的内心感受和自尊，他们既要表达自己的意思，又不要伤害别人，所以，他们就要是用一些巧妙而委婉的说话技巧来达到自己的目的。

邹忌就是我国历史上一个典型的高情商、会说话的人。邹忌通过"吾与城北徐公孰美"的故事引出了齐王的问题，并告诉他"王之蔽甚矣。"邹忌对齐王动之以情、晓之以理，委婉地进行劝谏，最终让齐王欣然接受了自己的。

我们应该学习邹忌的说话技巧，委婉地给别人提出意见。有人说，如果为了朋友好，就要在朋友做错事时泼一盆冷水，让朋友恢复清醒和理智，但我却觉得，与其泼一盆冷水，不如做一杯冷饮，既能让人清醒又能沁人心脾。

耿直虽然是一个很好的品质，但是过于耿直就会伤人。我们说话时一定要讲究方法，要提高自己的情商。同样一句话，说的方式可以有很多种，就好比是一样的食材，有的人仅仅只是简单粗暴地用水煮熟，而有的人却精心烹调，你觉得那种做法会让食材变得更美味呢？

职场中本就有许多不如意之事，与人交流时，何不温柔一些呢？所以，不要再把耿直当成情商低的借口了。心直口快只会伤人伤己，而提高情商才能与别人和谐相处。

# Chapter 6/ 不忘初心，
## /保持自我

在职场上一路摸爬滚打，内心渐渐变得麻木，被挫折打击地失去了勇气，不敢接受挑战，开始逃避压力和挫折。此时，不妨问一问自己，是否还记得曾经的梦想和抱负？只有找回曾经的信念，才能重拾前进的勇气。在变化多端的职场里，只有不忘初心、忠于自我的人才能走得更远。

# 不忘初心，勇敢挑战未知

在职场上，每个人都会遇到不同的挑战，接收到新的工作任务，结识新的工作伙伴，进入新的工作环境，面对这些全新的、未知的挑战，你有勇气接受吗？有的人选择主动迎接挑战，而有的人却顾虑重重。机会往往稍纵即逝，也许就在犹豫的那一瞬间，它就已经被别人抢走了。

我的一位朋友小吴最近常常找我诉苦，她因为自己的犹豫和不自信而错失了很多工作上的好机会。小吴觉得，刚刚进入职场时那个自信满满、踌躇满志的自己已经找不到了，现在的她变得不自信，也失去了挑战未知的勇气。

前段时间，小吴的公司准备成立新项目，老板在会议中提出此次项目的负责人不再由他直接任命，而是竞选产生，只要有接手项目的意愿，就可以参加竞选。小吴早就听说公司得到了这个项目的运营资格，还提前准备了一份策划案。小吴看着一片沉默的会议室，她心中很想发言，却不愿意当第一个"吃螃蟹"的人。

就在小吴万分纠结的时候，一位同事举手上台了，这位同事一直是公司里的"明星"，虽然业务能力一般，但他积极自信，很受大家的喜欢。从这位同事的发言中明显可以听出他事前没有进行多少准备，全靠临场发挥。这位同事说完后，老板指出了他的一些问题，并对他第一个积极发言的行为表示了赞扬和肯定。

小吴觉得他发言的专业性和逻辑性都不如自己，可他听到老板对同事的表扬，心里又开始为自己担心起来，担心自己的策划案不够完美，老板会当场指出其中的问题，又后悔自己为什么没有第一个上台，因为大家一般都会对第一个发言的人比较宽容。

就在小吴心里七上八下的时候，第二个同事也站上了台，这位同事的发言逻辑更加清晰，受到了老板的表扬，小吴觉得自己一定没有他说得好，不想在他后面上台。

就这样，在一次次的犹豫中，第三位、第四位、第五位同事都发了言，老板宣布开始投票，小吴还是没能鼓足勇气上台分享自己的策划案。小吴不喜欢这样的自己，不自信让她成了公司里的"透明人"。

其实，小吴并不是没有才华和能力，她只是害怕在别人面前展示自己，面对挑战，她总是倾向于放弃和退缩，这让她成了公司里最不起眼、最容易被忽略的那个人。小吴为此感到很苦闷，她之所以选择这份工作，就是想在自己擅长的领域发挥所长，实现自己的价值，可现在的她好像已经被不自信所束缚，失去了那份初心。

自我实现是每个职场人的目标和初心，试问谁不想在事业上取得一番成就呢？著名心理学家马斯洛在他的"需求层次理论"中提出：自我实现的需要是人类最高层次的需要。而自信则是实现自我价值的最大法宝，要成为一个有所作为的人，必须要具备强大的自信。

在职场中，自信的人能更好地展现自己的魅力，也能让别人更直观地看到自己的能力，他们往往会有更多的机会，而且自信的人在工作中也会更加游刃有余，因为他们不仅充分肯定自己的能力，也能更好地接受别人的评价和审视。而不自信的人会担心在别人面前暴露自己的缺点，所以会将自己隐藏起来，慢慢地失去存在感。

那么，应该如何建立自己的自信心呢？

回答这个问题之前，我们先来看看自信的人有哪些特征：自信的人通常都有比较强的认知能力和大脑感知能力，有自己的一套做事方法和思维方法。所以他们更愿意相信自己的判断，对事物也有自己独到的见解，他们相信自己就是最好的。

由此可见，自信是建立在强大的自我界限意识上的，所谓的自我界限意识是自我意识的一个方面，是指人们意识到自己与其他人或事物之间存在一定界限，是互相独立存在的不同个体。一个自我界限意识很强的人不会盲目地与他人进行比较，而是会完全接纳自己与他人的不同，而且他们十分了解自己与他人之间的界限，不会轻易地依赖他人。

每个人从呱呱坠地的那一刻起，就是一个独立的生命。就如同世上没有完全相同的两片树叶，也不会有完全相同的两个人，我们完全没必要去模仿别人，去混淆自我界限，否则就会在盲目中把自己与他人进行比较，得出自己的性格很差、别人的性格很完美等十分偏颇的结论。

自我界限不清的人要么封闭自我，要么过度讨好他人，但无论是哪一种都会让自己变得极度不自信。所以，只有认清自我，接纳自我，充分了解自己和他人的界限，才能让自己获得自尊和自信。

建立自信还需要一颗不惧挫折的心，不害怕挫折才能让自己不断完善和进化。在自然的演化中，那些不能适应改变、不能自我进化的物种，都被抛弃在了历史的长河中。身在职场的我们也面临着优胜劣汰，那些安于现状的人、裹足不前的人都有可能被淘汰。

人生道路上充满荆棘，不是每个人都能一帆风顺，如果没有一颗不惧挫折的心，就会被困难打垮，就会渐渐失去勇气。如果我们能勇敢地克服困难，就会变得有力量，而这种力量可以让我们变得更加自信。

最后，建立自信还需要强烈的成就动机，成就动机就是人们渴望做一些有挑战性的事，并在这个过程中获得优异的成果、超越他人的动机。人们在追求卓越、自我实现、帮助他人时，都需要强大的成就动机作为支持。

成就动机是人的一种内在动力，它具有持续性，就像汽车引擎，可以长时间地为一个人指明前路，让他获得成长。成就动机能给人前进的动力，它不能等同于外在的成就，不会被轻易剥夺，也不容易被摧毁，它是一个人一生的奋斗目标和人生使命。当一个人有了强烈的成就动机，他就有了在人生路上前进的勇气和自信，

不忘初心，勇敢挑战未知。未来的每一天都是未知的，挑战也许下一秒就会来临。只有认清自我界限，找到自己的成就动机，不断完善自我，实现进化和超越，才能建立强大的自信，不惧任何挑战！

# 没有今天就没有明天

在小说《飘》的结尾，女主角郝思嘉说："明天又是新的一天。"这句话包含着许多希望和憧憬，因为明天是未知的，明天有可能会发生任何事，所以明天是值得期待的。

每当夜幕降临，一天即将过去的时候，你是否又开始期待明天呢？有的人也许会想，今天已经快要过去，虽然还有一些事情没有做完，但明天又是一个新的开始，还不如就让今天过去，再期待下一个美好明天。

然而，明日复明日，明日何其多？明天到来了，该完成的工作依然没有完成，明天过去了，该做的事还是没有做。此时，是不是还要对自己说："明天再做吧！"就这样一天天过去，落后的工作进度始终没有赶上，和同事们之间的差距也越来越大。

把希望寄托给明天，这是很多职场新人都会遇到的困扰，他们总觉得明天自己就能做好，明天一定能赶上进度。殊不知今天不努力，明天是不会有收获的。

想法再多都要靠踏实的工作才能实现，如果今天的工作没有完成，就一定要想尽办法去做，而不是想着把事情推到明天。每天都有新的工作任务，如果不能及时完成当天的工作任务，事情就会越积越多，到最后只有两种可能：一种是匆忙地赶进度，导致错漏百出；还有一种就是完不成，把工作搞砸。

我妈妈同事的女儿小萍今年大学毕业后，进入了一家比较大的制造业公司上班，在公司财务部担任出纳。

出纳岗位的工作既要求细致又很繁杂，小萍每天要做的事不少，每逢月底还会更忙碌。办公室里带她的前辈告诉小萍："做财务这一行，一定要今日事今日毕，每一笔经手的业务都要记录下来，否则很容易出错。你作为出纳，每天下班前必须要把现金点清楚，这点你一定要记得。"小萍听了前辈的叮嘱后，认真地点了点头。

由于刚刚参加工作，小萍的速度还比较慢，遇到几个同事一起来找她对接工作时，她就有点忙不过来。而且她生怕自己出错，核对得非常仔细，经常还没做几件事，时间就到了中午。

小萍经常感到时间不够用，有一次，已经到下班时间了，但小萍的工作还没有做完，而她又觉得自己实在太累了，就决定把剩下的一部分事情推到明天去做。结果，第二天小萍除了要处理前一天的遗留工作，还要完成当天的新任务。等到下班时，小萍又有很多工作没有完成。

她对自己说："明天我一定要按时完成所有的工作，不能再拖到第二天了。"可是第二天下班时，小萍还是没能完成自己的工作，她没有选择加班完成，而是又把事情推到了明天。

小萍大学学的是会计专业，她有一个梦想，就是成为大公司的财务总监，她常常在脑海中憧憬自己当上财务总监后的样子，她还为此列出了自己的计划，她总是期待着美好的明天能帮自己实现。

小萍的妈妈同样是做财务工作的，阿姨知道了小萍的工作状态后，教育她："出纳员每天结账，这是你每天应该做的工作，不能拖拉。再说，你不是想当财务总监吗？那就必须从现在开始培养严谨的工作作风，从今天的一点一滴做起，才能实现自己的目标。"

小萍听了以后，十分惭愧，决心要把落下的工作进度赶上，于是她放弃了周末的休息，加班把积压的工作全部做完了。在后面的日子里，她对待工作更加严谨认真了，而且提高了工作效率。遇到特别忙的时候，小萍还会主动利用中午的休息时间工作。

她明白了一个道理：今天的事决不能拖到明天去做，因为明天还有新的任务。如果想在未来取得成功，就必须从现在开始努力，从现在做起。由于小萍出色的表现，在第二个月的时候，她就顺利转正成了正式员工。

我想，一定有很多人和从前的小萍一样，喜欢把工作推到"明天"，不把"今天"的工作做好，却憧憬着"明天"自己会成为一个了不起的人。可是，明天还有明天的事，今天的任务就一定要今天完成。如果今天不努力，又怎么会有美好的明天呢？所以，不要等待明天，今天就开始努力吧！

首先，要提高工作效率，做到"今日事今日毕"。完不成当天的工作任务，原因多半是效率低下，也没有快速行动造成的。当事情已经摆在眼前时，应该第一时间采取行动，而不是左顾右盼，迟迟不动手。工作的时候注意力要集中，不要慢吞吞地"开小差"。一旦养成了拖拉的坏习惯，就会严重影响工作效率，导致不能在规定时间内完成工作任务。

如果我们答应了别人要在今天之内解决某件事，就必须要做到当天完成，如果出现了特殊情况无法完成，也必须要在当天告知对方。像这样重要的事可以写在纸上，把它们作为当日必须处理的重点事项，这样就不容易忘记了。

我们还可以给自己制作一个工作进度表，给自己规定完成时间，并加上一些强制性条件，比如，没做完就不许下班等，起到督促自己的作用。学会合理地规划时间是提高工作效率的重要措施，由于工作事务繁多，我们应该分出轻重缓急，先做紧急的事，再做重要的事。只有完成了当天的工作，明天才能有一个好的开始。

其次，我们还要给自己规划好每一个"明天"。做事是否有计划性，也能够体现一个人的工作能力。我们可以从安排第二天的工作开始，练习提升自己的计划能力。我们可以在每天的工作完成后，制定一份明天的工作计划，比如明天要完成哪些工作，明天要拜访哪些客户，按照"轻重缓急"的顺序，把它们一一列举出来，并规定好完成的时间。

在制定每日计划的同时，我们可以为自己安排周计划、月计划，更宏观地把握自己的工作进度。这样做还可以根据情况提前做一些，以减轻后面的工作负担。制定长远的工作计划对职业发展有着更明显的作用，它可以帮助我们完成一些阶段性的目标。如果说每日计划是完成工作的保障，那么长远计划就是我们工作的大方向。

最后，好习惯一定要保持。除了做到"今日事今日毕"，给自己定计划以外，我们还要养成良好的习惯，好的习惯能帮助我们提高效率。比如办公用品要摆放整齐，办公资料要做好分类，这样我们想使用的时候就能很快找到，可以大大地节约时间。

当然，还应该注意劳逸结合，连续工作后，中途休息一会，不仅可以让紧张的大脑得到休息，还能提高效率，达到事半功倍的效果。该工作的时候就认真工作，该放松的时候就要好好放松，不要一边工作一边玩。很多人喜欢一边工作，一边和朋友聊天，或者做个几分钟工作，就拿起手机玩一会。这种不专注的工作方式都是影响效率的坏习惯，应该予以改正。

只有工作时"争分夺秒"，才能高效率地完成工作，剩下的时间我们就可以自由安排，无论是用来学习，还是用来提前完成后面的工作都是很好的选择。没有今天就没有明天，只有"今天"多学一点，多做一点，"明天"才有更多的资本迎接挑战。

"明日复明日，明日何其多。我生待明日，万事成蹉跎。"把希望寄托在明天是做不成任何事的，等待明天就是在虚度光阴，因为所有的"明天"都是未知的，只有牢牢把握每一个"今天"，才能赢得美好的明天。

# 职场中，压力和机遇并存

在生活中，我们常说"机遇与挑战并存"，在职场上这个道理也同样适用。有压力和挑战的同时，也有机遇。

很多朋友都跟我抱怨说，在职场上做好一件事太难，不仅工作烦琐，还要面对不配合的同事和爱刁难的老板。但我却觉得，这个问题可以换一个角度来看，摆在面前的问题，可以是压力和挑战，但同样也是难得的机遇。

如果我们能解决一项很困难的工作，不是恰好证明了自己的工作能力吗？如果我们能和同事、领导顺利沟通，达成配合，不是正能表现自己的沟通能力吗？

所以说，不要总是抱怨自己的工作很累、很忙、很苦，既然当初选择了这份工作就要坚持把它做好。工作有难度，恰好能锻炼我们的能力，证明我们的价值。简单的工作固然轻松，可是没有挑战、没有压力，就意味着没有机遇。每个职场人都应该记住，压力和挑战的背后是机遇，而机遇就是成功的契机。

如果职场新人能把压力变成动力，直面职场上的所有困难，就会为自己创造更多的机会。强大的抗压能力，也能让自己在短时间内成为上司欣赏的员工。

我的表弟在一家台资企业上班，他进公司已经有半年了，除了认真工作以外，他经常利用业余时间充电学习，他的努力和上进让上司十分看好他。

　　刚进公司时，表弟对工作抱有很大的新鲜感，他是一个好奇心很强的人，对那些之前没经历过的事都倍感新鲜，再加上表弟自己也很爱钻研，所以他对工作很快就上手了，也渐渐融入了公司。

　　随着公司业务量的增大，表弟的工作也越来越忙碌，工作任务比之前要繁重得多，但是他却很少抱怨。表弟认为，自己才刚刚进入职场，多做一些能够增加实践经验。

　　通过一段时间观察，表弟的上司决定让他负责接手一个项目。表弟觉得这是上司对自己的信任，于是开始认真准备。其实，这个项目并不重要，而且很麻烦，客户也非常难缠。表弟的同事对他说："主管这次是扔了一块鸡肋给你啊！"表弟笑了笑，并没有说任何抱怨的话。

　　在项目推进的过程中，表弟遇到了很多麻烦，压力也很大。这是他之前从来没有接触过的工作，很多东西都要重新学起。而且，客户也十分刁钻难缠，很喜欢为难人。工作开展的过程中，还需要方方面面的配合，有的人配合度不高，还有的人经常因为鸡毛蒜皮的事找他。

　　遇到的种种麻烦，都变成了巨大的压力，表弟曾经一度想要放弃。更让他生气的是，有一次客户找到他，问他某产品的发货单怎么没有写价格，其实这是经理早已交代过的，不写明该产品的价格，于是表弟就把原因告诉了客户。后来，表弟从客户那里得知，经理把不写产品价格说成是表弟自己的工作失误。

　　虽然，这个项目让表弟承受了巨大的压力和委屈，但是他没有放弃，最终这个项目在他的努力下圆满地收尾了。

　　表弟对我说，他很庆幸自己熬过了这段充满压力和挑战的艰难时期，他觉得自己经历这件事以后，获得了不少成长，不仅学到了相关专业知识，锻炼出了超强的心理素质，还明白了一个项目的所有运作过程。而且，表弟还在那段时间高强度的工作压力下，摸索出了一套适合自己的高效做事方法。

表弟的上司通过这件事，发现了他身上的许多优点，认为他是一个值得栽培的员工，从此以后，只要部门内有大项目，上司一定会让他参与。

通过表弟的经历，我发现压力和挑战背后不仅暗藏着机会，还能带给人成长。如果我们能顶住压力，克服工作中的障碍，就能把从障碍中学到的东西和积攒的经验变成一笔财富，而且这笔财富必然会对我们以后的发展有所帮助。

所以，千万不要害怕压力和挑战，重要的是要想办法解决他们。

首先，我们要找出压力的根源。很多人都为工作的事感到焦头烂额，甚至因为工作而影响了正常生活，他们都抱怨压力太大，不知道该怎么办才好。

"压力大"只是人们的一种笼统说法，单纯地顶住压力只是锻炼了自己的意志力，只有进行深层次挖掘，找到压力的根源，才会对往后的工作有所帮助。而压力的根源就是我们在工作中遇到的问题。

如果我们接到一项工作任务后，觉得"饱受折磨"，压力非常大，这时候，我们就应该找出压力的根源，也就是工作中具体的问题。比如，是不是某些方面的资源不够？是不是对工作原理不熟悉？是不是各方面关系没有沟通好？……

找到了问题所在，下一步就是想办法解决它。资源不够就要想办法协调，工作不熟悉就应该做足准备工作，沟通不到位的就要学习一些沟通技巧。感受到压力，说明已经感受到了困难，只有把这些困难找出来各个击破，压力自然就会烟消云散。

　　其次，要不断学习和思考。面对压力和挑战，只有具备了应对的能力，才能顺利"过关"，所以，我们在工作中应该不断学习。这里的学习不仅仅是指从书本中学习或参加各种培训，而是要在工作的点滴中学习。我们通过自己的观察和思考，也可以学到一些经验和技巧，我们自己在做事情时更要处处留心、时时总结。

　　在工作中，我们要善于思考，更要勤于思考。工作不可能一成不变，总会遇到各种突发情况和意想不到的变化，我们要在变化中总结经验，弄清事情发生变化的原因，总结经验，想出更好的解决办法。在工作中做到"积极学习、勤于思考"能帮助我们应对各种突发状况和任何艰巨的挑战。

　　最后，当我们在工作中遇到压力和挑战时，先别急着抱怨，而是要告诉自己，摆在眼前的不是困难，而是一份难得的机遇。如果能做好这件事，不仅能锻炼自己的工作能力，更能得到上司的赏识。

　　当上司把难题丢给我们时，不要犹豫，勇敢地伸手接过来，让对方知道我们是充满自信的。比如，上司把最难缠的客户交给我们，我们先不要抱怨，而是要积极地与这位客户接触，如果能成功地"拿下"这位客户，上司一定会对我们刮目相看。不怕困难，勇于接受挑战，这是职场机遇之一。

　　遇到不了解的新工作时，不要慌张，抓紧一切时间去学习。面对一窍不通的工作事务，与其抱怨和发呆，不如立刻行动起来，让上司知道我们不怕挑战，能坚持学习。比如，公司给每个部门都布置了销售任务，原来没有接触过销售的人就要从头开始学起，让自己能够顺利完成新的工作任务。能坚持学习，随时接受新的挑战，这是职场机遇之二。

　　当工作中出现重大变故时，要临危不乱，找出其他的解决办法，交出让上司满意的答案。如果发生的变故，将使公司面临重大损失，应该先"保本"再另做打算。比如，公司的产品发布会临时取消，最首要的任务是就是安抚到场的客人，挽回公司声誉。能抓住主要矛盾，正确处理工作中的突发事件，这是职场机遇之三。

　　不难看出，职场中，压力和机遇并存，它们就像事物的两面，我们不应该只看到工作中的压力，更应该看到其中的积极意义。遇到难办的事情，想办法把它处理妥当，这就是把压力和挑战转化为机遇的过程。

# 要有面对失败的勇气

在人的一生中，有高潮就有低谷，"胜败乃兵家常事"，成功和失败是我们每个人都有可能遇到的。成功了，要不忘初心，失败了，要有面对的勇气。失败不可怕，可怕的是为失败找借口。

在职场上，有些人经常为自己的失败找借口，长此以往，他们就会形成爱找借口的坏习惯，只要失败就开始找借口。爱找借口的人一般不会承认自己的能力有问题，也不会承认自己主观上的失误，而是把失败都归结于客观原因或把错误推到其他人头上。

如果我们不幸遭遇了失败，应该找的是原因，而不是借口，因为工作不可能一帆风顺，就算没有一败涂地，也会有一些小挫折。每个人对失败的态度不一样，最后收获的结果也不一样。

有的人不把失败当一回事，不予理会，也不吸取教训，发扬"阿Q精神"，埋头当"鸵鸟"；有的人拼命为自己的失败找借口，用借口欺骗自己、欺骗别人；还有的人喜欢怨天尤人，把自己的失败归结于运气不好，或被别人拖了后腿。

我曾经有位同事老钱，他就是一个很爱找借口的人。公司里的同事都知道他有这个习惯，所以没有人愿意与他合作。有一次，老钱所在的部门接到了一个紧急的任务，部门主管给每个人都分配了任务，要求大家一定要在规定时间内完成。

很快，主管规定的上交时间就到了，大家都把自己的工作任务交给主管，老钱也按时完成了自己的工作。可是，主管在汇总大家交上来的任务时，发现了比较严重的数据错误，主管检查后发现问题出在老钱这里。

于是，主管找到老钱，指出了他制作表格上的好几处数据错误。主管并没有批评老钱的意思，只是让他抓紧时间更正过来，但是，老钱却拒绝承认自己的错误，他认为是另一位同事小徐提供的数据有问题，才导致了他的失败。

主管又找到小徐，请他和老钱一起核对，小徐拿出自己提供的原始数据，证明了自己没错。可是老钱却拒不承认，非要赖在小徐身上，并坚持认为自己没有问题。

最后，主管十分生气，但时间紧急，他找了其他两位同事一起把老钱做的表格重新修改了一遍。老钱还为自己找借口的行为沾沾自喜，但殊不知自己的形象已经在主管那里跌到了谷底。从此以后，老钱彻底坐上了"冷板凳"，有任务，主管不要他参加，有功劳，也没有他的事。

其实，生活中有很多老钱这样自以为聪明的人。但其实，他们并不是聪明，而是没有面对失败的勇气，所以他们选择逃避，并为自己找借口。虽然有些失败归咎于无法避免的客观原因，但大部分失败都是主观错误造成的。

有的上司认为自己的失败是由于下属的不配合，但那也是因为他不会用人；有的人认为自己投资失败是因为经济不景气，但其实是因为他对经济形势缺乏了解，才会判断失误；还有人认为自己创业失败是因为没有拉到投资，但其实是自己的眼光、管理能力和执行能力都有所欠缺。

我认为，任何失败都可以从自身的角度去分析原因，最后的决定如果是我们做的，那就是我们的判断能力和决策能力有问题，如果是执行上的失败，那就是我们的执行能力有问题。既然失败已经造成了，而且跟自身脱不开关系，就不要再去找借口，因为借口不能挽回错误，也不能预防下次失败。

有些人也许会说，有些失败的确是客观原因造成的，但还是不要找借口为好，因为大家对失败的原因心知肚明，再解释不仅多此一举而且有急于推脱责任之嫌。最重要的是，找借口容易形成习惯，这种坏习惯会让我们失去吸取教训的机会，对以后的成功毫无帮助。

直面失败是令人痛苦的，就像在揭自己的伤疤，要面临二次疼痛。但这种疼痛能让我们清醒，也能让我们找到失败的真正原因，只有这样才能对症下药，挽回一部分损失，避免下次再犯同样的错误。

要找出失败的原因不是一件容易的事，因为我们都会下意识地逃避，害怕去触及深层次的原因。所以，我们除了自己检讨以外，还要听取别人的意见。因为自我检讨在视角上有局限，而别人的意见会更加全面和客观，只有把两者结合起来，才能找出失败的真正原因。

之所以会造成失败，一定是我们的个性、能力和处事方式上还有所欠缺，这一点我们不必去辩白。因为人无完人，有缺点和不足是一件很正常的事。我们要做的是诚实面对，认真分析，并在以后的工作中修正自己的做事方法或改变自己为人处世的方式。

如果一遇到失败就开始找借口，而不是从失败中学到一点什么，那么以后失败的时候还会找更多的借口。找借口不仅对自己的成长和进步无益，还会给别人留下不负责任、不值得信任的印象，这对职业发展是非常不利的。

要有面对失败的勇气。在工作中，接受失败算不上勇敢，敢直面失败并从中寻找原因、吸取教训才是真正的勇敢。有面对失败的勇气，才有成功的可能！

## 不可忽略工作上的小事

荀子在《劝学篇》中写道："不积跬步，无以至千里；不积小流，无以成江海。"千里之行始于足下，涓滴溪流也能汇成大海，心怀大志的人不应该看轻任何点滴小事，而职场中更没有所谓的小事，只有从细微处做起才能成就大事。

刚进入职场的新人必须从日常的点滴做起，不断地积累经验，才能更好地完成工作上的重要任务。如果不注意积累、喜欢忽略工作上的小事，是不可能在职场上取得成功的。如果连小事都不能做好，又怎么去做大事呢？

我工作过的公司曾经有一个实习生叫小杜，她就是凭着自己的细致成功获得了总裁助理的职位。当时公司一共招了10个实习生，但是试用期结束后只能留下一个人，留下的那位实习生会直接担任总裁助理的职位。这个职位对实习生们的诱惑很大，竞争也异常激烈。

面对激烈竞争，小杜心里很没底，她只能更加踏实勤奋地工作，以保证自己不被淘汰。公司的业务十分繁忙，同事们工作都很忙碌，只有下班时，大家才能放松紧绷的神经。所以，每天下班时间一到，所有的人都会匆匆离开办公室，只有细心的小杜，发现很多同事在离开的时候会忘记关闭电脑和打印机，她看到后都会帮忙关好。

慢慢地，小杜成了公司里每天最晚走的那个人，因为每天下班后她都会留下来检查办公设备是否全部关闭，只有确认所有的设备全部关闭后，小杜才会放心的回家。

一个月的实习期很快就过去了，小杜不认为自己能留下来，因为她觉得自己只是处理一些日常工作，并没有做出什么亮眼的业绩。但出人意料的是，最终能留下担任总裁助理的实习生就是小杜，面对这个结果，小杜本人也很诧异。

人事经理告诉小杜，公司之所以决定留她就是因为她每天下班前的举手之劳，这件事虽然很简单，也不是没有人察觉到，但是能坚持做下去的却只有小杜一个人。公司认为注重细节，不忽略小事的员工是值得培养的，也很适合总裁助理这个职位。

在职场上，很对人都与小杜相反，对小事不屑一顾，眼睛里只盯着"大事"，认为只有"做大事"才能体现自己的能力，但这样的人做起"大事"来，只会眼高手低。其实，职场上最不能忽略的就是小事，只有像小杜一样认真对待不起眼的每件小事，才能奠定好职场成功的基础。

每个职场人士都有一颗想要出人头地的心，都希望自己的职场道路能越走越顺。想要顺、想要迈向成功，就要掌握一个诀窍：多做一些举手之劳的小事。我们每做的一件小事，都是在增加自己的竞争力和附加价值。千万不要认为小事做了也没用，其实，我们做的事都被"有心人"看在眼里，而且所有的努力都会被反映在工作成果中，做小事绝对不是"无用功"。

我的堂姐是一名幼儿园园长，在她还没有当选园长前，每年都会被家长们评为"最受欢迎的老师"，这是因为她细致的工作得到了家长们的一致认可。

幼儿园每周一都会给家长发放本周食谱，让家长们了解孩子在幼儿园的饮食状况。而堂姐的班上有两位美国小朋友，于是她在打印食谱时会特地标注上英文，这一贴心的举动让那两位美国家长十分感动。

除此之外，堂姐还会每周在班级微信群里汇报孩子的一周综合表现，让家长感到把孩子送来这家幼儿园十分放心。于是，幼儿园的口碑越来越好，报名自然也越来越火爆。

几年以后的园长换届选举时，由于平时工作的细致和踏实，堂姐以全票通过的成绩当选了幼儿园的新园长，而这一切都源于她所做的众人眼里没意思的"小事。"

我们要记住一句话"职场无小事"，很多事对我们来说也许只是举手之劳，但带给别人的温暖和便利却不是金钱能衡量的。而且对小事比较在意的人，一般在团队中的人际关系也比较好。

乐于去做小事的人一般都有一种乐于助人的精神，而且不爱斤斤计较，同事们都愿意与这样的人合作，而大多数上司也都喜欢这样的员工，因为他们的出现能让同事关系更融洽，团队的凝聚力更强。

办公室有哪些小事可做呢？看到地上有纸屑，可以随手捡起来扔进垃圾桶；看到人走后灯没关，可以随手关掉；看到同事也需要打印文件，可以顺便帮个忙；看到同时需要协助，可以在自己能力范围内给予帮助……在办公室里，像这样的小事有很多，虽然微不足道，但却能以小见大。

工作中的小事能反映出一个职场人的素质。海尔集团总裁张瑞敏曾说过："把每一件简单的事情做好就是不简单，把每一件平凡的事情做好就是不平凡。"

不可忽略工作上的小事，因为大部分职场人士的成功是从做好每件小事开始的。无论一个人有多高的起点，有多卓越的才能，要想在工作中做出一番成绩，就必须先从小事做起。

而且，工作上的事只有大小和难易的不同，绝对没有高低贵贱之分。已经身在职场和即将踏入职场的人，一定要调整自己的心态，把姿态放低一些，不要忽略了工作中的小事。

# 薪水很重要，但别忘了你的抱负

工作到底为了什么？想必很多人都会回答：为了赚钱。这话当然没错，但是在赚薪水的同时，不要忘了你当初的抱负。那些事业上成功的人，都有远大的目标，他们会看得更长远，而那些仅仅只为了薪水而工作的人，往往看不到更远的东西，他们的眼光会变得越来越狭隘。

没有目标和抱负，只为了薪水工作，这不是一种好的人生状态，这样做只会让自己蒙受损失。

有的年轻人在刚走出校门时，总是对自己抱着很高的期待，就算是刚开始工作，也认为自己应该立即得到重用，并得到丰厚的薪水。而且，在这些人眼里，工资成了衡量一切的标准，什么职业规划、什么发展潜力统统都不考虑，只要能拿到满意的工资，就是一份好工作。

我有一位朋友，大学毕业后找了一份工作，在自来水厂当化验员。这份工作在外人看来很好，她自己当初也很满意，工作轻松不说，薪水也不错。在当时毕业的同学们中，这位朋友的工资算是比较高的，当时大家都很羡慕她。

可是，没过几年，这位朋友就后悔了。当初的"高工资"已经好几年没涨了，而毕业时工资不如她高的同学们纷纷升职加薪，早都已经超过了她的"高工资"，而且，这个工作没有多少发展前景，最关键的是与朋友的专业毫不相关。

朋友当初学的是英语专业，为了"高工资"才选择了水厂这份工作，但这几年工作下来，她的专业知识都忘得差不多了。看着同学们现在一个个都发展得比她好，朋友对自己当初就业时只看重工资的做法感到十分后悔。

在我看来，这位朋友就是典型的为薪水工作，当初就业时她丝毫没有考虑到以后的职业生涯发展，只看到了眼前的工资。因为一份"高工资"，就断送了自己的发展前途，实在是得不偿失。

还有一种情况就是，刚刚踏入社会的年轻人缺乏工作经验，公司还无法委以重任，所以薪水也不会很高，于是，有些人就会产生怨言。可是这种抱怨对自己的工作不仅起不到任何积极作用，还会在上司和同事面前留下一个不好的印象。

我以前遇到过一个实习生就是这样，一进公司就到处打听其他同事的薪水。他在得知几位资深员工的工资水平后，就愤愤不平地认为公司不公平，没有做到一视同仁。但他却忽略了一点，资深员工的工资高不仅是因为工作年限长，更是因为能力出众。

在很多年轻职场人的眼里，自己在公司工作，公司给自己发薪水，自己与公司之间的关系就只是一种等价交换而已。他们曾经的抱负和梦想在遭受一次次现实打击后逐渐破灭了，对工作也没有了信心和热情，再也看不到除了薪水以外的任何东西。

对工作的态度也是敷衍了事，能偷懒就偷懒，他们只想对得起自己的工资，却没有想到是否对得起自己的前途，是否对得起家人的养育之恩。

之所以会出现这种情况，是因为大多数人都觉得自己的薪水太少，不值得自己去付出，进而将比薪水更重要的东西放弃了，这实在是太可惜了，如果觉得薪水太少，就应该通过自己的努力去实现加薪，或者努力站到更大更高的平台上去，而不是用消极的态度对待工作，这样害的不是老板，而是自己。

初入职场的人应该记住一句话："不要仅仅为了薪水而工作"。

薪水只是工作的报偿方式之一，如果认真对待工作，工作会带给我们远比薪水更多的东西。而且，一个以薪水为奋斗目标的人是无法走出平庸的生活的，也不会获得真正的成就感。工资只是我们工作的目的之一，而不是工作的全部意义。

心理学家研究发现，当一个人的金钱达到某种程度时，他就会开始追求更高层次的东西。虽然我们都没有达到那种境界，但是忠于自我的人都会明白，金钱只是人生众多成就中的一种。如果不信的话，可以去问一问那些成功人士，如果没有了丰厚的金钱作为报酬，他们是否还会从事自己的事业？我相信他们的回答绝对是肯定的。

想要从工作中获得更多的成就感，最好的做法就是找一个即使酬劳不多，自己也愿意做下去的工作。当我们找到自己真正热爱的工作，并愿意为之全心投入时，金钱自然会随之而来。

我们不应该只为了薪水去工作，比薪水更重要的是在工作中发挥自己的才干，实现自己的抱负，体现自己的人生价值。如果工作仅仅只是为了拿一份薪水，那么人生就太没有追求了。

除了满足基本的生存需求，人还有更高层次的需求，我们不应该麻痹自己，告诉自己工作就是为了挣钱，人生中还应该有更高的目标和追求。无论薪水高低，我们都应该在工作中做到尽心尽力，这样做不是为了老板，也不是为了公司，而是为了自己的前途。

对待工作敷衍了事的人，无论在什么领域都不容易获得真正的成功。

薪水很重要，但别忘了你的抱负。只有经历过奋斗，才能收获经验，才能获得成长。也只有把目光放得长远一些，不为短期的薪水高低而敷衍了事地对待工作，我们才能更好地发挥自己的才干，才能在工作中做出一番成绩令上司刮目相看。

有了成绩，还用担心薪水不会增加吗？

# Chapter 7 / 对待家人和朋友的态度，是你最真实的人品

每个人都是自由飞翔在天空中的一只风筝，家人就是那根牵着风筝的线；每个人都是汪洋大海中的一艘小船，朋友就是那个帮助小船前行的桨。我们有权热情对待我们喜欢的人，也有权冷漠对待我们不喜欢的人，但是一直陪在我们生命中的家人和朋友，需要我们用真心去对待。

# 别把最坏的脾气留给最亲近的人

　　为什么我们总是习惯性地把好脾气留给外人，而把最坏的脾气留给我们最亲近的人？

　　周国平先生曾经在接受杨澜采访时，也被问过同样的问题，他笑了笑不好意思地说："这个错误，我也经常会犯。"

　　为什么大多数人明知道是个错误，却还是要犯呢？

　　我们常常会经历这样的一幕：当我们不同意别人的看法或观点时，如果对方是我们亲近的人，便会直接怼对方："你懂什么！"但如果对方是与我们不熟的人，我们的态度就会变得礼貌一些，会委婉地表达自己的观点。

　　对于外人，如果对方在同样的问题上多次出现错误，我们会充满耐心一次又一次地去引导对方，向对方解释；然而对我们亲近的人，如果对方出现错误或是没有按照我们的想法行事，就会发脾气道："你到底有没有认真听我说话！"

　　不知道为什么，在面对自己亲近的人时，我们总会没有耐心，总是很容易被点爆。不管是对父母、还是爱人。

　　我的一个朋友，平时对身边的朋友、同事总是谦和温顺，前一秒还与我们笑脸盈盈，可下一秒接电话时就变了脸，态度恶劣，语气蛮横，像是对方欠了他100万一样。后来我才知道那些让他变脸的电话几乎都是他父母的来电。

　　每次我都会劝说他"对父母不要那么大脾气！你看你对其他人都

那么温柔！"然而当我回过头来想想我自己的时候，才发现，我也同样习惯性地把最坏的脾气留给最亲近的人，尤其是我的父母。其实仔细观察身边的人不难发现：几乎所有人都会在面对父母时冷言冷语，表现出很不耐烦的样子。

还记得幼时被母亲牵着小手的温暖幸福吗？还记得曾经骑在父亲肩头俯瞰他人的怡然自得吗？不知道什么时候，我们已经在时光的流逝中长大。离开父母的温暖，觉得自己有了独挡一面的能力，父母口中的那些"嘱咐"，都被我们当作是唠叨，是瞎操心。于是，我们开始反感他们的唠叨，总是不给他们好脸色、好脾气。

然而，无论我们年龄多大，依然是父母眼中的孩子。无论我们多么独立，他们依然会担心我们遇到困难和失败。可是到底是从什么时候开始曾经依赖父母的我们变了？

是父母给我们打来嘘寒问暖的关心电话时？还是父母买了新手机，希望我们能教他们学习微信时？我们总是用不耐烦的态度和语气说："忙着呢，以后再说！"曾经靠着父母的嘘寒问暖和啰嗦长大的我们，已经忘却了我们曾经乐在其中的幸福。

我们在外面受了委屈时，还能勉强欢笑，每当回到家时脸上早已挂上了"心情不好，不要靠近"的字样，当亲近的人做出不合我们心意的事情时，坏脾气一下子就上来了。在外，我们总是能扮演好同事、好朋友的角色，而回到家，却没有将好脾气给最亲近的人，明明是最爱我们的人，却得不到我们的温柔以待。

在外人面前，不敢放肆不能任性，因为我们无法承担发脾气后的后果。然而在最亲近的人面前，我们变得肆无忌惮，难听的话、难看的脸色，通通都展现在亲近之人面前。

到底是什么原因，让在外风度翩翩、和和气气的我们，在亲近之人面前却变成了歇斯底里、娇惯放纵？说白了，还不是因为外面没有人会原谅我们的不可理喻；而在亲近之人面前，我们的不可理喻却变成了理所应当。因为我们知道他们不会在意，他们会忍着、让着。

在最亲近的人面前，很多人总是不会控制自己的情绪，任由坏脾气发作。父母、爱人、兄弟姐妹……都成了我们的出气筒，因为他们心甘情愿地接受我们的一切，包括无所顾忌地放肆、任性，包括我们的坏情绪、坏脾气。

我们总是在不经意的时候伤害着我们最亲近的人，虽然有时会忏悔，但事情过后我们又恢复原样，依然把最坏的脾气留给他们，我们习惯了这种理所当然和有恃无恐。但我们的"理所当然"和"有恃无恐"却让我们忘记了他们是我们最亲近的人，忘记了他们也会因此受伤，忘记了他们才是最在乎我们以及我们最在乎的人。

他们不应该成为我们恶劣情绪的垃圾桶，即使是我们最亲近的人，也没有义务承担我们的坏脾气。

试想一下，如果哪一天我们最亲近的人不再拿我们当回事，就如同外人一样，那么我们还能肆无忌惮地发脾气吗？如果他们在面对我们的坏脾气后，不再选择忍让、原谅我们，我们又当如何？

有没有想过在承受我们的坏脾气时，他们付出了多少，他们伤得有多深？我们给他们造成的那些伤痛，他们需要多久才能慢慢愈合？

虽然生活中的争吵在所难免，但是当我们在亲近的人面前发完脾气后，一定要告诉自己，对方之所以先妥协，是因为他们爱我们，舍不得让我们生气难过，为了我们的笑容，他们才舍弃了自己的愉悦心情。

别把最坏的脾气留给最亲近的人，正因为是我们最亲近的人，我们才更应该珍惜。不要把耐心和宽容全部给了外人，而把最坏的脾气留给我们最亲近、最爱的人。不要在伤害了爱我们的人后，才追悔莫及。

# 异性朋友，多多益善

有很多女人在有了男朋友或者结婚之后，都会有这样的疑虑：自己还能有异性朋友吗？结婚后继续和以前的异性朋友交往，别人会说闲话吗？男朋友或老公会介意吗？

在回答这些疑问之前，我们不妨来看看李安妮的故事。

李安妮，现在已经是一个三岁孩子的妈妈，同时还是一家知名律师事务所的合伙人。在结婚以前她一直都有着不错的异性缘，工作、生活过得多姿多彩。结婚以后，她的朋友圈并没有因此而改变，依然保持着与异性之间的正常交往。

李安妮的朋友圈里也常常会晒她和异性朋友交往的细节和合影，有和异性朋友一起做菜的照片，有异性朋友帮她牵孩子的照片，有和异性朋友一起出差的照片……

李安妮的丈夫是一位知名的摄影师，也常常接触异性。有关系不错的异性朋友，常常告知李南妮，她的丈夫与女性朋友一起吃饭交流的事情，但李安妮和丈夫之间从没有因为其他异性而产生矛盾，他们彼此相互信任。这样的生活让身边很多人羡慕，认为他们的婚姻生活即丰富又健康。

对于李安妮由一名小律师变身为一家知名律师事务所的合伙人，有人不解，便问她："这个行业很少能有女性合伙人，你是怎么做到的？"她表示，能成为合伙人，需要有敏锐的洞察力和判断力，还要有果断的决策力。

而自己能拥有这些能力，离不开她身边的异性朋友，与他们的接触，让自己不知不觉中也有着这些男人思维的品质。此外，自己之所以能成为合伙人，也离不开异性朋友的帮助。

可见，女人在有了另一半后，是完全可以与异性有正常且健康的友谊的。女人结婚后，并不表示需要舍弃自己正常交往的异性朋友。相反，婚后的女人，应该继续保持与异性之间的正常交往。因为，与异性之间的友谊不仅可以让女人有更丰富的情感，还能让女人的思维更开阔、体验更丰富。

一个好的男性朋友，可以说是女人的良师益友，他能在性格上给女人带来互补，能在逻辑缜密的思考模式上给女人带来帮助。异性朋友能帮助女人增长不同的见识和阅历，想要有丰富的思维和生活，异性朋友的帮助是必不可少的。所以，在正常的交往状态下，我们不妨多交一些异性朋友，并珍惜他们，因为他们会成为我们事业上的好搭档，生活中的好"哥们儿"。

但是，异性友谊是难能可贵的，对这些来之不易的异性友谊，我们一定要守护好，不要让它破裂甚至是变质。

说到异性朋友，让我不由地想到了谢娜和何炅。谢娜和何炅之间有牵手、有拥抱，有失落时的相互安慰，也有开心时的彼此分享。他们之间亲密无间的关系却从没有受到大家的质疑，也从没有人觉得他们之间的友谊越过了朋友的界限。为什么？

因为他们懂得珍惜彼此之间难能可贵的友谊，他们懂得如何控制和守护这段友谊，让彼此之间的友谊一直保鲜不变质。婚后的谢娜一直懂得避嫌，从来没有和何炅做出逾越的举动。她和何炅之间的亲密赢得了张杰的信任，谢娜让张杰真正地了解到何炅是自己的良师益友，是自己的知心大哥，她与何炅之间的言行举止一直都在张杰的底线内，从未越界。

还有"闺蜜般"的蔡康永和小S，"哥们儿"般的戴军与李静，他们都懂得把握与异性朋友相处的度，从不越界。

异性朋友，多多益善。虽说我们需要异性朋友，但是在与异性朋友相处的时候，即使关系再好，我们也一定要把握好度。

# 用拥抱表达出对家人的爱

当我们张开双臂，给家人一个热烈的拥抱时，就会看到家人脸上洋溢着幸福的微笑，那样子别提有多高兴了。

一生中，我们拥抱过许多人，拥抱过爱人，拥抱过朋友，拥抱过同学，拥抱过同事，但是我们是否经常拥抱我们的家人呢？都说中国人不擅长拥抱，喜欢把自己的情感隐藏在内心深处，不敢轻易表达出来。虽然我们对家人的爱非常深沉，但有时候，面子就像是一张横在我们与家人之间的网，阻碍了我们向家人表达爱意。

小时候，园园不太明白父亲对她的爱，因为园园的父亲是一个沉默寡言的人，平时非常严肃。她从来没有亲口听父亲对她说过表扬的话，更没有听父亲说过喜欢她、爱她的话。因此，园园从小非常怕她的父亲，总是躲着他。

直到园园长大结婚后，她才明白父亲对她的爱。园园结婚后，有一次到亲戚家里做客，正好谈论到自己的父亲，园园便说："我小时很怕父亲，他对我总是很凶，感觉他一点都不喜欢我……"

亲戚听完后，笑着说："你那个时候还小，也不了解你父亲，你是他的女儿，他怎么会不喜欢你呢？他之所以对你很严格，是希望你长大以后能有出息，你不知道，你结婚的那一天，婚车走了后，他一个人躲在屋里哭了好久呢！"

园园虽然嘴上说："不可能吧，我从来没见他哭过，他从来没说喜欢过我。"但心里却美滋滋的。

后来，园园生孩子后，园园父母打算请假过来照顾她，园园考虑到妈妈是老师，请假不方便，而且家里有婆婆可以照顾她，便让他们放了暑假再来。暑假是一年中最热的时候，园园的父母来的时候，每个人的手上拿了三四个包，还提着三只母鸡和一百来个土鸡蛋，这些大大小小的包裹加起来快超过一百斤了，园园看着眼前汗流浃背的父母，心里很不是滋味。

父亲对园园说："上次你回家的时候说这里的鸡和鸡蛋不好吃，这次我特意从农村的亲戚家里买了一些过来，让你解解馋。"

此时的园园突然明白了父亲对她那种独特的爱，虽然父亲还是没有说出喜欢她、爱她的话，可她却感受到了爸爸对她浓浓的爱。她不知道该如何表达自己对父亲的爱，于是给了一个大大的拥抱。

我们不要把对家人的爱一直深藏在心底，要及时地说出来、表达出来，让家人明白我们的爱，以免产生误解。

相信大家都听过《妈妈的吻》这首歌，知道母爱对我们的成长起着至关重要的作用。母爱是世界上最温暖、最无私的爱，从我们出生后，母亲不知道吻过我们多少次了，可长大成人后的我们有没有给自己的母亲一个吻或者深情的拥抱呢？

有人说，只有当自己做了母亲后，才能明白父母对我们的爱，才会体会到母亲对我们的温柔。晶晶也是如此，直到她成为孩子的母亲后，才逐渐明白这一切。

有一件事藏在晶晶的心里许久了：晶晶的母亲每天晚上都会为她铺床，会在出房门前轻轻地亲吻她的额头，说晚安。可是不知道从什么时候开始，晶晶不再喜欢这样的亲吻了，她甚至有点讨厌母亲那双变得粗糙不堪的手，讨厌这双手拨开她的头发，讨厌这双手触碰她的皮肤。

有一天晚上，晶晶的母亲又像往常一样，准备拨开她的头发时，晶晶突然大声地对母亲说："不要碰我，你的手太粗糙了！"母亲听到后，愣了一下，没有说什么就出去了。从那以后，晶晶的母亲再也没有亲吻过她的额头了，晶晶用自己的骄傲取代了良心，没有向母亲道歉。

后来，每当晶晶回想起那天自己说的话时，心里总是堵得慌。虽然这件事过去了很久很久，可她总觉得像是刚刚发生一样，那晚的事在她的脑海里久久不能散去。她想念母亲的手，想念母亲的晚安和充满爱的吻，可是再也回不去了。

后来有一次，晶晶带着孩子回老家过节，她住在自己小时候的房间，睡得很沉，很舒服。突然她感觉有一双熟悉的手，轻轻地拂过她的脸庞，拨开她额头上的头发，然后非常轻地吻了她的额头，说了声晚安。

晶晶回想自己多年前对母亲的抱怨，她突然抓紧了母亲的手，轻轻地吻了吻母亲的手，然后坐起来给了母亲一个深情的拥抱，并为自己青春年少时的过错向母亲道歉。她以为母亲会和她一样记得当晚的事，谁知母亲并不记得，也不知道她说的是什么，因为母亲早已原谅并忘记了女儿的无心之失。

也许你从来没有亲吻过你的母亲，可是请你不要拒绝母亲这种表达爱意的方式。在母亲面前，我们无需隐藏，无需装腔作势，只需要做最真实的自己，如果你觉得不好意思吻你的母亲，那么请给你的母亲一个深情的拥抱吧，让母亲知道，她是你最牵挂、最爱的人。

用拥抱表达出对家人的爱。一个简单的拥抱，不需要太多的语言，也能表达出我们对家人的那份关心与爱护，因为拥抱里饱含了我们对家人浓浓的爱意。

# 圈子不同，何必强融

　　朋友，不用强求，意气相投就真心相待，话不投机就转身离开。情投意合的朋友，即使整夜畅谈都嫌时间不够，话不投机的朋友，即使多说一句都嫌多。正所谓"道不同不相为谋，志不同不相为友"，如果彼此的圈子不同，那么就不必强融。

　　在生活中，除了父母外，朋友就是与我们最亲近的人。朋友不一定要很多，但是一定要让自己感到舒心，这才是我们交朋友的最终目的。要知道，不是每个人都能成为我们的知心朋友，也不是每个人都值得深交。世界很大，在人生的旅途中我们会遇见形形色色的人，路遥才能知马力，日久才能见人心，我们要给自己确定一个交友原则："圈子不同，不必强融。"

　　思思、小乔、小慈是广告公司新招聘的毕业生，她们三个是完全不同类型的女生。

　　思思像极了玫瑰花，虽然花朵不大，但却非常妖艳、芳香。思思不仅嘴巴甜，而且心思细腻，这给她的职业生涯带来了很多便利。

　　小乔就像牡丹花一样雍容华贵，她头脑灵活，善于交际。家境还算优越的她，在大学时代就拥有自己的苹果笔记本电脑，同学们都喜欢围着她的电脑追偶像剧。小乔的男朋友是她的大学同学，没什么钱，可朋友们都知道，小乔一心只想嫁个有钱人，继续过吃饭不愁的日子。

　　小慈则与她们两个完全不同，她不像思思那朵玫瑰花一样娇艳惹人，也不像小乔那朵牡丹花那样富贵逼人，她就像一朵小小的芍药花，静静地开放，不引人注意。

她说自己是一本普通得不能再普通的书，没有人翻阅，静静地搁置在书架上。她一直单身，没有谈过恋爱，不是因为没有人追，而是因为她不愿意随便将就。

她们所在的广告公司人际关系比较复杂，但是思思的嘴巴甜，男同事她叫哥，女同事她叫姐，同事们都非常喜欢她。小乔能说会道，不管同事们谈论的是什么话题，她都能接下话不冷场，还能把大家逗得哈哈大笑。

很快思思和小乔就赢得了大家的好感，在公司站稳了脚跟。而小慈总是默默地做自己的事，即使和别人说话时，也是淡淡地微笑，不像思思和小乔那样热情。

在公司里，思思、小乔与领导的关系不错，他们经常一起吃饭、一起说笑，还时不时与领导开开玩笑。有一次，小慈看到思思与小乔因为一件小事在领导面前吵得不可开交，领导也是一副无可奈何的样子，不过很快她们就结束了争吵，开始有说有笑了。对此，小慈只觉得真真假假不好分辨，她实在是不懂。

在公司，思思和小乔想尽办法讨领导和同事欢心，可小慈只是默默地做好自己的工作，她就像一颗小草一样默默无闻。下班后，思思和小乔要么逛街买东西，要么在家追电视剧，要么和男生约会，可这些小慈都不喜欢。她喜欢看书，喜欢旅行，喜欢静静地坐在公园里看人来人往。

有一次，思思与一个打扮时尚的女孩一起去吃饭，看到迎面而来的小慈，连招呼都没打就离开了。其实这样的事已经发生好多次了，小慈知道思思不喜欢她，不欢迎她，因为思思的交际圈不需要小慈这样的朋友。

　　有天快下班时，小乔拉着小慈的手说想请她吃饭。正当小慈不知道该如何拒绝的时候，小乔坦白地说，自己的男朋友最近遇到一点困难，所有的钱都投到股市了，可最近股市行情不好，钱都被套牢了，想找小慈借两万块钱。

　　小乔说自己平时用钱大手大脚，没什么积蓄，想到小慈很少交际日常开销也小，所以她猜测小慈手上有钱。后来，小慈拒绝了小乔的邀请，也拒绝了借钱的请求。

　　有些人，不管你和她相处多少年，都没有办法做到心灵的交汇。从那以后，小慈就消失在思思和小乔的交际中了，她更愿意自己独自一人。

　　就在小慈远离他们不久后，就有同事对小慈说，那朵玫瑰花总是用自己鲜亮的颜色吸引人，然后再用尖尖的刺扎你；那朵美丽的牡丹花太雍雍华贵，欲望太多，钱才能满足她富贵的心。

　　而小慈这朵芍药，依旧在悄悄地绽放，她热爱文字，平时喜欢写写画画，日积月累，她的文字终于变成了铅字。在签售会上，热心的读者排着长长的队伍，等着她签名，女读者热情地与她拥抱，男读者为她献上鲜花。

　　这一刻她感到无比开心，因为她得到了读者的认可；这一刻她感到无比幸福，因为她被荣耀和光环包围。此时的她忘却了忧愁和烦恼，绽放了最美的容颜，用她的忍耐和真诚换来了回报。

　　有人说："如果我们想像雄鹰一样在天空翱翔，那么我们就要和雄鹰一起飞翔，而不是与燕雀为伍；如果我们想像狼一样在草原上驰骋，那么我们就要和狼群一起奔跑，而不是与山羊同行。"

　　酒肉朋友，只会和我们谈吃喝玩乐；而上进的朋友，则会与我们分享奋斗的故事。正所谓："画眉麻雀不同嗓，金鸡乌鸦不同窝。"和谁在一起真的很重要，我们不能忽视潜移默化和耳濡目染的作用。

和聪明人在一起，我们会变得更聪明；和睿智的人在一起，我们会变得更睿智；和优秀的人在一起，我们才会出类拔萃。如果我们是一只雄鹰，那么就不要在乎燕雀怎么看，因为，我们的飞行高度、速度、力度以及角度它们通通都看不见，更看不懂。

因此，我们要明确自己的目标、方向和实力，要认识自己，不要在乎别人的言论，努力让自己变得更优秀，这才是最重要的事。

我们不做廉价的自己，不交廉价的朋友，不随意地付出，更不要一厢情愿地去迎合别人、讨好别人。圈子不同，何必强融。与其把时间浪费在不必要的人身上，还不如做一些自己喜欢的事，通过不断的学习和努力，提高个人的能力，这才是我们应该要做的事。

与其一味地拉拢、讨好别人，还不如提升自己，和优秀的人在一起，把时间和精力用在值得的人和事上，让自己强大起来，当我们变得强大，变得优秀的时候，别人定会对我们另眼相看。

# 朋友不一定要在身边，但一定是在心底

都说朋友多了路好走，我们的一生会遇到很多人，也会交到很多的朋友，但随着环境的变化、时间的流逝，有些朋友走着走着就淡了，有些朋友走着走着就散了，最终能留下来的没有几个。

每个人对朋友的看法都是不一样的，有的人认为朋友之间很久没有联系，又隔着千山万水，那么关系自然会疏远，不如从前。但其实真正的朋友从来不会因为这些外在的因素而远离我们，就算彼此很久没有联系，依然会彼此挂念，有说不完的话，聊不完的心事。

生活经常会给我们制造一些假象，让我们陷入情感的误区，有时候我们可能会在心中反问自己：她还记得我吗？她还有我的联络方式吗？我们的友谊是否还像从前一样？

虽然人们常说"眼见为实，耳听为虚"，但有时候眼睛看到的也不一定是真实的，也许对方有不能说的苦衷呢？要知道，我们不能因为时间和距离这些外在的因素就影响对朋友的判断。

就算因为种种因素不能与好朋友经常见面、经常问候，我们也要在心里给朋友留下一席之地，因为友谊总会再次回来。

晓晓和莉莉是大学室友，两人的关系非常要好，好到能穿同一条裤子。大学毕业后，两人在不同的城市生活。虽然不时常见面，但她们经常会通过电话和QQ联系，后来有了微信后，两人几乎每天都在微信上聊天。

虽然两人多年未见，但晓晓觉得自己仿佛"参与"了莉莉的所有生活。包括她买房、买车、生孩子，甚至晓晓每天吃了什么，最近去哪里旅游了，晓晓都知道得一清二楚。她们不仅在微信上聊天，就连朋友圈双方分享的照片和趣事，两人也能在评论区里聊出花样。

即使她们不在同一座城市，不能天天见面，但是这并不影响她们之间的关系以及聊得火热的心。

可是，不知道从什么时候开始，莉莉不再发朋友圈了，有时候连晓晓的微信都不那么及时地回了。刚开始，晓晓以为是莉莉有什么事耽搁了，过后又忘记回了，所以并没有太在意。有一天，晓晓在朋友圈发了一条新动态，发现许久没露面的莉莉竟然给她点赞了。

晓晓高兴坏了，以为莉莉的心情恢复了，就想看看她的朋友圈，看自己是否错过了什么精彩的趣事。结果点进去后，她惊奇地发现自己竟然看不了莉莉的朋友圈，原来她被莉莉屏蔽了。

自从发现这件事后，晓晓每天都提不起精神，不知道问题出在哪里了。晓晓的老公知道后对晓晓说："这其实也挺正常的，也许她最近心情不好或者过得不开心，不想让你看到她不好的一面呢？或者她不止屏蔽了你一人，你不要想太多了。"

对于老公的安慰和观点，晓晓并不认同，而是闷闷不乐地说："可是在我看来，如果连自己的好朋友都不能看的话，那么她根本没有把我当成是好朋友，或者说她太小看我们的友谊了，我担心我们的友谊会渐行渐远。"

晓晓的老公说："你与其在这里胡思乱想，还不如打个电话问清楚。"

晓晓听了老公的建议后，立刻拨通了莉莉的电话，通过沟通后，误会终于消除了。原来，莉莉是因为在工作中受挫了，心情不好，一气之下把所有人都屏蔽了，后来忘记更改设置了。

误会解除后，晓晓和莉莉再次回到了以前，两人又聊得热火朝天了。晓晓也一脸羞愧地对老公说："还好听了你的建议，否则我就把自己的友谊给作没了。"

要知道，最好的朋友不一定要天天在一起，也不一定要每天都联系，更不是住在彼此的朋友圈，而是你一直住在我的心里。就算朋友圈没有对我们开放又怎样，我们依然把彼此放在内心的深处，一直都在。

有时候，我们总是自以为是，用自己的想法去揣度许久未见面的朋友，在心里对朋友产生质疑，以为时间和距离影响了彼此的友谊。但其实事实并不是我们臆想的那样，当我们需要朋友的时候，不管她们在哪里，她们一直都住在我们的心里，从未离开，只是我们被当时的心境蒙蔽了，没有察觉而已。

在人生的旅途中，有的人只会与我们擦肩而过，不会留下痕迹；有的人会停留在我们的身边，给我们留下难以忘怀的印象；有的人犹如人生导师，给予我们许多建设性的意见和帮助。不管我们身边的朋友是哪一种，我们都要真心相待，不要计较回报。

朋友不一定要在身边，但一定是在心底。真正的朋友不管近在咫尺，还是远在天涯；不管双方是贫穷，还是富有，都不会嫌弃对方，更不会因为距离而将对方遗忘。真正的朋友，不管何时何地，都会伸出双臂，给予我们温暖的拥抱。

要知道，最好的朋友不一定要在身边，也不是你住在我的朋友圈，而是你住在我的心底。微信朋友圈只是一个方便大家交流的平台，并不是考验友谊忠诚度的地方，我们大可不必太计较朋友圈有没有对自己开放这件事。

# 朋友的伤痛，不该由你承担

不管是在校园，还是在职场，我们会遇到很多人，结交很多朋友。当然谁也不是谁的唯一，就算我们是对方的好朋友，但是对方依然可以有其他的朋友。

虽然对方的朋友不一定都是我们的朋友，但是她讨厌的人，我们必须要讨厌，否则对方一定会不高兴，认为我们对她的感情不够真挚，甚至还会怀疑我们是不是和她讨厌的人是一伙的，相信这样的情况，大家都遇到过。

如果朋友失恋了，正在伤痛中难以自拔，那么我们就不能独自潇洒，更不能在她面前秀恩爱，否则朋友会认为我们没有良心，甚至会认为我们在嘲笑她。

如果朋友失业了，正在哀怨悲叹，那么我们就不能在对方面前谈工作，更不能在她面前谈升职加薪，否则朋友会认为我们是故意刺激她，甚至会怀疑我们是落井下石。

如果朋友生病了，正在家卧床修养，那么我们就不能在对方面前说爬山、郊游，更不能在她面前说旅途中结识的小鲜肉，否则朋友会嫉妒，甚至会认为我们在显摆。

也许有人说这有点危言耸听，言过其实了，但其实未必。相信大家都看过《欢乐颂》，都记得那个整天嘻嘻哈哈、爱闹爱笑的邱莹莹吧。她在遇到应勤之前被渣男所骗，后来又因为不是处女而被应勤嫌弃，被迫分手。分手后的邱莹莹觉得天都塌了，人生没有了动力，认为全世界都抛弃了她。

因为心里一直有应勤，所以她早早地到车站去偷偷看应勤，结果却看到应勤接新女朋友，邱莹莹被眼前的一幕深深刺激到了，一个人蹲在地上哭泣。关关因为担心邱莹莹做傻事，所以来到车站找她，结果在劝说的过程中发生了冲突。

明明关关是在关心她，担心她，可邱莹莹却质问关关为何这样残忍，关关说她太天真，为了不值得的人把自己弄得狼狈不堪，结果邱莹莹却在还盒饭钱的时候说了一句："真没想到，你竟然这么冷血。"关关听到后，也不乐意了，冲着邱莹莹大声喊道："你说话也太难听了，你凭什么这么污蔑我！"

在这部电视剧中，其实关关和邱莹莹的关系是最好的。因为她们不仅年龄相仿，而且都是非常单纯善良的人，所以她们平时有什么事都会互相商量，还会彼此加油打气。

可是为了一个不值得的人，邱莹莹却误解了关关，还因此说出那么伤人的话。在邱莹莹看来，只要她不开心、她失恋、她痛苦，那么她的朋友就要无条件地陪她一起伤心、一起难过。作为好朋友的关关不能说一个不字，更不能说打击她的话，就应该陪伴着她，陪她一起伤痛，与她一起分担失恋的痛苦。

邱莹莹自私地认为，自己失恋后，所有人都应该围着她转，都应该顺着她，不能有任何的反驳，在她的心里患难才能见真情。在她最痛苦的时候，最需要朋友的时候，如果朋友不能陪她一起痛苦，还处处打击她，那么这个人就不是她的朋友，而是她的"敌人"，所以她才说关关冷血，认为关关不关心她，不在乎她的感受。

其实，在现实生活中，许多人都有和邱莹莹一样的想法，认为朋友不能替自己分担痛苦，只知道自己吃喝玩乐，不懂得自己的感受和痛苦，那么就不是真朋友，就没有结交的必要。

这一类型的人认为朋友既然在一起享受了幸福，那么陪着一起承担痛苦也是无可厚非的。作为朋友如果不能与她同步，还处处打击她，在她的伤口上撒盐，无视她的痛苦，那么就不是真朋友。他们很可能会在伤痛中失去理智，然后说一些伤害朋友的话，甚至把朋友当作自己的"敌人"，从此分道扬镳。

我是你的朋友，但并不代表我就要替你承担伤痛，我也是有血有肉、有思想的人。我也有自己的喜怒哀乐和七情六欲，哪怕是好朋友，我也没有义务陪你经历你的人生。你的人生不是我的人生，我只是你的朋友，不应该承担你的伤痛，否则，我的人生何在？

朋友的伤痛，不该由你承担。好朋友之间相互鼓励、相互成长、相互帮助是无可厚非的，但这并不是说我们一定要承担朋友的伤痛。我们要明白，我们是一个独立的个体，有自己独立的思想和生活，我们没有权利去要求朋友为我们承担伤痛。

人都有青春年少的时候，都有可能会像邱莹莹一样犯傻，也都曾固执地认为好朋友就应该讲义气，有福同享有难同当，可是当我们经过时间的洗礼后，才发现朋友之间最好的状态是"君子之间淡如水"。

如果把自己看得太重，高估了自己在朋友心中的地位，可能到头来并不是一件好事，骄傲的内心会让我们逐渐忽视对方的想法，把别人不当一回事。

当我们要求朋友陪自己一起伤春悲秋的时候，不妨先问问自己，如果当朋友处于伤痛中时，我们是否能放下手头的一切，去安慰去陪伴，去主动承担对方的伤痛？如果不能，那么就不要用自己的标准去要求对方。朋友可以分享我们的快乐，可痛苦他们是无法感同身受的，并不是因为对方冷血无情，而是人性使然。

作为朋友的我们，可在对方伤痛时给予安慰，可以陪对方散散心、聊聊天，但是这些安慰和陪伴都是短暂的。如果对方自己不能从伤痛中走出来，那么再好的朋友也没有办法替对方承担，毕竟每个人的时间和精力都是有限的，都有属于自己的生活和工作，不可能一直陪对方伤痛。

再好的朋友也不能陪着我们走到世界的尽头，每个人都有自己该走的路，我们要学会坚强，放宽自己的眼界和心胸。人生在世，生气和伤心都是在所难免的，但是我们不能让自己一直沉浸在伤痛中无法自拔，而是应该振作起来，在伤痛中学会成长，学会理解和明辨是非，这才是对待朋友最负责任的方式和态度。

# Chapter 8 / 你若盛开，
# 　　　　　蝴蝶自来

　　"你若盛开，蝴蝶自来！你若精彩，天自安排！"美丽的爱情不会因为你的一味付出而眷顾你，也不会因为你的苦苦纠缠而怜惜你，唯有努力修炼，把自己变得更美好、更优秀，爱情才会靠近你。

# 既有稳定的能力，也有离开的勇气

不久前，我去医院探望了一位女性友人林小姐，她是我大学时的学妹，毕业之后还曾与我共事过一段时间，后来转行做起了活动策划。

林小姐是位非常优秀的女性，做事认真负责，以前和我共事时就充分展现了这一点。而这一次她之所以会住院，就是因为负责一个活动项目，接连加班，在高强度的工作压力下引发了胃溃疡。

听闻林小姐生病住院的事情后，许多人都觉得很诧异，因为林小姐虽然家境一般，但她的丈夫却是有名的企业家，两人感情一直非常好，根本没有什么经济压力，何必这么拼呢？

在医院时，我也问了林小姐同样的问题，当时她是这样回答的："我之所以付出这么多的努力，并不是像有的人说的那样，对这段婚姻没有信心，只是为了让自己在未来的每一个时刻，既有稳定的能力，也有离开的勇气。无论何时都能拥有更多主动的选择，而不是只能被动地接受生活给予的一切。"

林小姐的话让我想起前段时间热播的一部电视剧——《我的前半生》。剧中女主角罗子君的闺蜜唐晶说过这样一句话："两个人在一起，进步快的那个人，总会甩掉那个原地踏步的人。因为人的本能都是希望能够更多地探求生命、生活的外延和内涵。"

当初，在爱情最浓烈的时候，陈俊生说会养罗子君，会爱她一辈子，于是罗子君成了一名全职太太，将自己的一切都寄托在了家庭上。然而最后，也是陈俊生，这个曾给出过承诺的人，义无反顾地出轨，离开了罗子君。

陈俊生与罗子君婚姻的失败似乎是在情理之中。这么多年以来，陈俊生一直在拼命朝前跑，而罗子君却始终在原地踏步走，靠着那些经不起岁月打磨的誓言而活。于是，两人渐行渐远，最终分道扬镳。

有人说，婚姻是一场势均力敌的博弈，较量双方如果实力悬殊太大，这场博弈便只能匆匆收场，弱势的一方注定会承载更多的失败与伤害。在陈俊生与罗子君的婚姻里，罗子君就是弱势的一方，当她甘愿停留在原地，将自己困于家庭与丈夫织就的囚笼中时，她就已经失去了自主选择未来的机会。

很显然，林小姐不愿意成为罗子君，就像她说的，她之所以那么努力、那么拼，只是为了让自己的未来拥有可以自主选择的机会，不在生活的重压下不由自主地选择，而是可以顺遂心意做出选择。

记得当年刚从学校毕业，初入社会的时候，许多人都曾面临过一个困难的抉择：是留在大城市打拼，还是回到更为熟悉的家乡发展？两个选择各有利弊，留在大城市，机会自然更多，前景自然更广阔；回到家乡，最大的优势自然是更为丰厚的人脉关系。

那时候，有人劝告说，若拿不定主意，可以选择留在大城市打拼，因为留在大城市，即便数年之后感到懊悔，也还有机会再收拾东西回家乡，从头再来。可如果一早就选择回家乡，再多的激情和斗志也终将在安逸和稳定中被蚕食殆尽，从此便不再有任何后悔的机会。

其实很多人都是如此，有稳定下来的能力，却总是缺乏离开的勇气。对于人们来说，稳定和安逸总是有着致命的吸引力，让人不自觉便会沉溺其中。若放任自流，终有一天，我们都将不可避免地活成笼中的鸟儿、圈中的困兽。到那个时候，真正困住我们的，便不再是有形的囚笼，而是我们失去的斗志和对自由的向往。

一个步入高三的小辈曾问过我这样一个问题："我究竟为什么要那么拼命地去读书、参加高考呢？如果说是为了以后找一份好工作，我即便不用高考，也能直接继承我爸爸的公司；如果说是为了以后赚很多的钱，那就更没有必要了，我现在已经有很多钱了。"

当时，我是这样回答他的："你今天的努力与拼搏，为的是让自己在未来拥有更多掌控自己命运的能力，而不是只能被动地接纳别人给予的一切，被动地依附别人而活。公司也好，钱也罢，都是别人可以从你手中夺走的东西，但通过你的努力与拼搏换来的学识与能耐，却是任何人都无法夺走的，它们才是你在这个世界上真正可以安身立命的资本。"

弱者与强者最大的区别就在于，弱者总是习惯将希望捆绑在别人的身上，而强者则习惯用不懈的努力与拼搏来换取自己的未来。

所以，弱者总是活得忐忑不安，总想尽可能地将自己能够拥有的东西掠夺、占有，以此来换取微弱的安全感；强者则不然，哪怕一无所有，他们也不会对未来有丝毫的迷茫或不安。因为他们知道，他们有足够的能力为自己赢得一切，只要愿意，他们可以就此稳定下来，但也不惧勇敢离去。

# 不是拼命对他好，他就会爱你

我们常常为了博得他人的认同和好感而去讨好对方、拉拢对方，尤其在我们遇到自己心仪的那个他时。或许他并不如我们想象中的那么完美，但至少是我们喜欢的、我们爱的，所以总是想要好好珍惜，更希望对方也同样珍惜我们、爱我们。

于是，我们对他关怀的话多了，责备的话少了，开始慢慢习惯对他好，有时甚至拼命地对他好。然而，我们忘记了珍惜和讨好是不一样的，不是拼命对他好，他就会爱我们。

珍惜一个人，会让我们获得更多，但如果拼命地对一个人好，我们反而会失去很多。爱情是双向的，不是我们委曲求全就可以得到，彼此之间平等合理的爱情才是真正的爱情。

现实生活中，很多人都认为如果我们对他好，他会更爱我们，但事实却恰恰相反。曾经有人做过一项社会调查，调查结果表明：很多男人因为自己妻子或女朋友对自己过分好，反而更容易出轨。

有一个朋友，娶了一个事事都安排得妥妥当当的妻子。在生活中妻子总是拼命地对他好，事事迁就他。朋友说虽然他在家里什么都不用做，但总是感到烦躁苦闷，因为妻子过分地照顾他，对他过分好让他觉得很压抑，仿佛自己娶的不是老婆而是老妈。

正是如此，他们夫妻之间的关系一度很紧张，常常爆发家庭"战争"。丈夫觉得妻子太啰嗦，管的事情太多；而妻子也觉得非常委屈，自己明明对丈夫那么好，事事替他安排妥当，家里的事情也从不让丈夫操心，不仅没有因此得到丈夫宠爱，反而遭到丈夫的嫌弃。

朋友还有一个哥哥，哥哥对自己的妻子百般宠爱。妻子在家里几乎不用做家务，基本都是丈夫承担，而且还得到丈夫的疼爱，与朋友家的情况恰好相反。朋友的妻子和他哥哥的妻子年龄相仿，但看起来却苍老得多。

哥哥的妻子在工作上是一个雷厉风行的人，工作能力强，几乎没有解决不了的问题；而在生活中，尤其是在丈夫的前面，完全变了模样，事事都依赖丈夫，总是用天真单纯的微笑面对丈夫，享受着丈夫对自己的好、对自己的爱。

这让朋友的妻子很是不解，为什么自己拼命地对丈夫好，却得不到丈夫的宠爱，而哥哥的妻子什么都不做却被丈夫宠上了天。

事实上，并不是女人拼命地对男人好，就能得到男人的爱，相反，过分的给予反而有可能成为男人的负担，让他们想要逃离。然而，很多女人却想不明白这一点。

其实每个女人心中都住着一个小女孩的天真，我们不应该时刻用大女人的一面示人。有些时候，我们应该释放自己小女孩的梦幻、甜蜜、纯真和天真，尤其是在男朋友或丈夫面前，这样才会让对方感受到轻松、喜悦与留恋，而不是压抑地想要仓皇逃离。

很多女人之所以不愿意把自己的天真展现出来，是因为她们没有安全感，不自信，他们害怕失去自己的爱人，害怕对方不爱自己会离开自己，这种患得患失的心态不得不让她们拼命地对对方好，以换来对方的爱和不离不弃。

殊不知，当我们拼命地对对方好时，却把对方推得更远，因为我们的讨好让对方窒息。而当我们感到对方的逃离时，就会想要抓紧对方，越发地对对方好。久而久之，就变成了恶性循环的状态，最终的结果可想而知。

小文曾经很爱一个男人，拼命地对这个男人好，恨不得掏心掏肺。为了那个男人，十指不沾阳春水的小文学做饭，把所有的家务都揽到自己身上，舍不得给自己添件新衣服，却偏偏给最爱的他买昂贵的礼物。

然而，事情并没有如小文预想的那样，对方不仅没有因为小文对自己的好去加倍地爱小文，反而在劈腿后绝情地"分手"。小文百般乞求，问是不是自己对他不够好，可对方却说："不是你对我不好，是你对我太好，让我觉得你是我妈，而不是女朋友。"后来，对方依然决绝地离开了小文。

生活中很多女人都像小文一样拼命地讨好对方，拼命地对对方好，甚至为了对方不惜改变自己。其实，女人的这些讨好不过是希望对方能因为自己的付出而感到满足，并期待对方能给予我们更多的爱。小文是这样，我那个朋友的妻子也是这样。

然而，我们选择不断地对对方好，却又期待更多，当对方感到压抑时，就开始逃离，最终离开我们。这不该是爱情相处的正确方式，也不是爱情该有的维系模式。

真正的爱，应该是对等的，相互信任、相互依靠的，而不是其中一方无底线无原则地拼命付出。爱，只有恰到好处相互付出，才是对双方感情最好的保鲜。

男人天生就有一种征服欲，他们渴望的爱情不是女人的一味付出和牺牲。所以，不要再认为我们一味付出拼命对对方好，对方就会爱我们。

不是拼命对他好，他就会爱你。一个爱你的人，即使你什么都不做、他也会爱你；不爱你的人，哪怕你拼尽全力，他也不会爱你。为何在苦短的人生中，让自己变得委屈求全呢？试着好好爱自己，只有在与对方平等的、没有勉强的相处下，你的爱情才会更幸福。

# 他不爱你，不代表你不好

前段时间收到一个朋友的微信消息，她问我：是不是只有自己足够好，男人才会爱我？她是不是不够好？看到个信息，我意识到一定是她和男友之间出现了问题。

姑且叫我的这个朋友小苏吧。她漂亮大方，各项能力也比较优秀，有不错的工作，不错的收入。在与男朋友交往的一年多的时间里，为了男朋友，原本已经很漂亮的小苏，花了大量的精力去学习化妆、学习做发型、学习打扮，为的就是自己和男朋友一起出去时，他的朋友能够说："你女朋友真漂亮！"这样会让男朋友很有面子。

为了男朋友，小苏每天都会学习一些男友工作上的专业知识，为的就是能在他的事业帮到他。

然而，颜值不错、性格不错、经济独立的小苏却问我她是不是不够好？在聊天的过程中，我才得知她的男朋友劈腿了，并决绝地跟小苏分手了。

小苏说，那么多的鸡汤文不是都说：只要你足够优秀，他就会更爱你吗？难道自己真的不够好、不够优秀？

事实并非如此。我告诉小苏："一个人不爱你，并不代表你不好、你不优秀。"然后我给他讲述了我邻居的故事。

我的邻居是一对30多岁的夫妻，妻子是普通的小职员，月薪只有两三千块钱，生过孩子后就再也没有瘦下来，也从没想过要精心打扮修饰自己。因为他的丈夫很爱她，不在乎她这些。

　　她丈夫爱她对她好，也并不是因为他比较差劲。说起来，他自己有一个小工厂，也算是小有成就。这样一个需要忙生意的男人几乎每天都是准点回家陪妻子陪孩子吃晚饭。晚饭后，夫妻二人还会一起在小区里散步，这让周围的邻居都羡慕不已。

　　在这位丈夫的心里，自己对妻子的爱对妻子的好，是针对妻子这个人，而不是妻子是否够好够优秀。

　　小苏男朋友的那个第三者，难道就比小苏好、比小苏优秀吗？事实上，并不是，听说那个女人长得不如小苏，性格不如小苏，也不像小苏一样有独立的经济基础。

　　一个男人要跟你分手，他说他不爱你，并不是因为你不好，而是因为他被蒙蔽了双眼，不懂得欣赏你的好。世上总会有那么一个懂得你的好，珍惜你的好的男人出现。

　　所以，你应该做的不是纠缠，而是努力发现自己的优点，好好爱自己。虽然失恋是苦涩的、痛苦的，尤其是被抛弃的一方，但是失恋恰恰是人生一段很重要的经历，通过失恋后的修炼，我们会活得更努力，努力把自己变得更优秀。

　　我有一个朋友，是个温柔美丽的姑娘，名叫李诗函。李诗涵常常找我哭诉，因为她的真心对待，换来的却是男友的分手，而且分手的理由竟然是她长得不够漂亮。这个理由，我也很诧异，因为在我看来诗函完全称得上是美女。

　　诗函在被分手后，情绪一度崩溃，不停地打电话问对方为什么？对方为了躲避诗函的追问，就将手机号、QQ、微信，全部替换掉，而诗函用了各种方法，即使找共同认识的朋友也找不到他，对方整个人就这样消失在了诗函的生活中。

　　之后的三个月时间里，诗函几乎丧失了自己全部的自信。身边所有的朋友都鼓励她：你真的很漂亮，也很优秀。事实也的确如此，但是她却完全听不进去我们的话，甚至差点丢掉了自己引以为傲的工作。

诗函颓废了三个月，终于自己走了出来，她开始重新审视自己。为了让自己变得更漂亮，更有气质，更有学识，她开始注重皮肤保养、身材管理，花精力打扮自己；开始学习自己喜欢的插花；开始深造自己的专业知识……渐渐地，诗函的心态变了，她发现在那段感情中，一直都是自己主动，那个男人根本就不是真的爱自己，所谓的"不够漂亮"也只是借口而已，并不是因为自己不好。

既然如此，何必为了一个不爱自己的人把自己弄得那么狼狈呢？与其这样，还不如好好享受自己温暖平静的独处时光，好好爱自己。后来，诗函找到了自己爱情的归属。即使有时她在爱人面前不修边幅，对方依然爱她如初。

真正的爱并不是放低自己全心全意地成全对方，让对方开心，应该是无论我们是什么样子，是否足够好、足够优秀，对方都对我们不离不弃，爱最真实的那个我。

很多女人都会遇到否定自己的爱人，那些爱人是不合格的，他们只是不够真心地爱我们。当我们被分手时，只要优雅转身就好，不要因为对方的否定而质疑自己，不要因为对方的变心而胡搅蛮缠，失去了自己原本的美好。

我曾经就见识过一个美丽优雅的女人因为男友的移情别恋，而失去自己的理智、丢掉自己的美丽优雅，不仅纠缠不休，甚至在气急败坏时向对方大打出手，最后以对方报警收场。这件事情在双方共同熟识的圈子里传开后，这个原本美丽优雅的女人因为失恋的痛苦和流言的攻击而陷入抑郁之中，无法自拔。

　　他不爱你，不代表你不好。当一个男人不爱我们了，不管我们怎么挣扎，无论我们如何好、如何优秀，他都会选择离开。为了一个不爱自己的男人，何必要放低自己，甚至赔上自己的名誉？这样，岂不是得不偿失，男朋友、丈夫离我们而去，还会有好的在等着我们，但名誉没了，就很难再找回来了。

　　或许很多人都会问：既然他不爱我，不是因为我不好，那是不是意味着我们可以放任自己，没有必要让自己变的更优秀？

　　当然不是，女人努力变得优秀不是为了取悦男人，而是为了自己，只有自己够优秀，未来的你才会更幸福、更美好。当然，如果我们优秀了，以后就会接触到更多优秀的人，会吸引更优秀的男人，未来你身边的另一半必定也是优秀的人。

　　当我们优秀了，我们的一切才会变得更好。

# 让他也付出，我们的爱情才算完整

我们先来做这样一个假设：

如果有两个英俊帅气的有为青年同时追求你，其中一个男人坐拥上亿资产，并向你承诺，从此以后你就负责在家貌美如花，他每个月给你一万元零花钱；而另一个男人，毕业没几年，没有多少存款，没有高收入，也没有任何承诺，只是把他的工资卡交给了你，然后把你的名字加在他的房产证上。

这样的两个男人如果让你选，你会选择谁？

我想，除了那些拜金女，绝大多数女人都会选择第二个男人，因为这个男人显然更有诚意。

作为一个女人，我们努力成长，努力蜕变，而后变成了独立坚强的自己，并不是为了取悦男人，毕竟我们依靠自己的能力也可以给自己带来安全感。

我们可以为我们爱的人付出，但前提是那个男人也愿意并且有诚意地向我们付出。

有些女人会说：我心疼他，觉得他赚钱不容易，我更希望他能把钱用在刀刃上，而不是用在我身上。我有能力满足我的物质需求，所以即使约会也常常会抢着付账。

有些女人会说：我心疼他工作太辛苦，觉得自己即使加班到很晚也可以独自回家，不让他来接，有时间他应该休息一下。

……

　　诸如此类的感情，很多人会觉得是真爱，但是这样的爱情完整吗？这些女人只知道自己为真爱付出，却不曾给对方付出的机会，这样单方面的付出，爱情又如何完整呢？

　　去年盛夏的一个深夜，当我准备睡觉时，听到了凌乱的敲门声，打开门便看到一身酒气的好友莹莹。看到从来滴酒不沾的她喝得酩酊大醉，我知道，她肯定又一次分手了，因为每次和男朋友分手，她总是会喝得大醉后来找我。

　　这次莹莹好像是伤得有些深，以前那两次分手后，最多是一夜大醉，第二天早晨她就像没事人一样，化着精致的妆容、穿着职业套装、踩着高跟鞋去为她的事业忙碌，为她的未来打拼，从此以后对分手的男人绝口不提。

　　然而这次，身为工作狂的她竟然请了一个星期的假，整天待在家里疗伤，仿佛不再是我认识的那个莹莹。其实莹莹这次的男朋友我还算熟悉，是我大学时期的校友叫小刚，暖男一枚。当初他在追求莹莹的时候，可谓是诚意十足，曾经许下誓言"此生非莹莹不娶"，我们身边的朋友一度以为他们会走入婚姻的殿堂。

　　这才不过几年光景，两个人便分手了，面对伤心的莹莹，我不知道要如何劝说，因为她几乎什么都能靠自己，从不要身边的朋友操心。在工作中，莹莹出了名地要强，几乎事事亲力亲为，就连复印资料这样的小事也是如此，靠着自己的努力和要强，她一步一步做到了财务总监的位置。

　　然而，在爱情里，女人的要强很容易成为伤害对方的刺。

　　因为是校友的关系，我又是莹莹的好友，所以小刚曾多次向我抱怨，他说他很心疼莹莹，有时自己特意带莹莹喜欢吃的宵夜去陪她加班，然后接她下班回家。而莹莹却总是说以后不要特地来送宵夜，也不用特意来接她下班，有时还会扬一扬脸，说："我一个人可以的，你上班也很辛苦，自己多休息多照顾自己的身体，不要让我操心才是真的爱我呀！"

刚开始的时候，小刚总是被莹莹的举动和话语感动，但是时间久了，小刚时常觉得自己是一个没用的人，工作能力一般，收入一般，就连想为女朋友做一些事情，为女朋友付出一些，对方还不需要。

后来，小刚常常觉得自己在与莹莹的这段感情中被折磨得烦躁不堪。在小刚提出分手的前一个月，他还曾跟我说："莹莹什么都好，好到即使一个人也会过得很好，她从来都不需要我的陪伴和付出。"我其实很想替莹莹辩解几句，毕竟莹莹是心疼他，但是小刚好像并不想听我说什么，仍然自顾自地说："我想，没有我的打扰莹莹或许会过得更好。"

小刚并不是渣男，也不是不爱莹莹，只是因为他无法承受莹莹的要强，因为莹莹剥夺了他为爱付出的权力。

在这段感情里，没有谁对谁错，如果说有错，那就是莹莹太爱小刚、太心疼他，不给他付出的机会；而小刚却总是不和莹莹说清楚自己的想法，没有说明自己分手的主要原因。我想这就是为什么他们彼此相爱却最终成为陌路人的原因吧！

时至今日，莹莹和小刚都在为自己的未来拼搏，或许在同样的月光下，他们也会想念着对方。一年的时间过去了，莹莹和小刚都没有再开始一段新的感情，我想如果有一天莹莹和小刚都想通了，都各自做出了改变，或许他们还有再续前缘的可能。

在完整的爱情世界里，不仅需要两个人相互爱慕，更重要的是，需要两个人相互付出。否则，爱就是残缺不全的，终有一天爱会消散，两个人也会分离。

　　说到爱情的付出，不禁让我想起电影《胭脂扣》，高贵痴情的十二少和绝美执着的风尘女子如花，为了对抗世俗而共赴生死的那一幕让人心生怜惜。那一刻，我看到了二人平等的付出，也因为肯为对方付出生命，而让我看到了完整的爱情诗篇。

　　然而，现实总是让人难过，如花是真的死了，而十二少却被人救了下来。当如花寻遍地府也不见昔日深爱之人时，便回到人间去找寻她的十二少，而她历经万难见到十二少时，没有欣喜，唯有伤心欲绝。

　　很多人都说如花之所以伤心欲绝，是因为十二少没有勇气与她一起赴死，但是我却认为，这不是原因的全部。

　　十二少的痴情我们有目共睹，他为了和如花在一起，甘愿放下富贵的生活，做卑微的戏子。在那段时间里，无论如花是什么样子，十二少都趋之若鹜，甘愿为如花付出，这一切都因为爱。而后来，十二少死而复生后，即使心底仍然爱如花，却也不如之前那样无所顾忌，为如花付出一切。

　　活在风尘之中的如花，又何尝体会不出此一时彼一时的差别？她什么都懂，她知道她和十二少那份完完满满的爱情已不再完整，因为对方少了付出，她自己付出再多也是徒劳。

　　让他也付出，我们的爱情才算完整。所以，如果我们真的爱一个人，真的想要一份圆满的爱情，那么，就请给他付出的机会。不然，爱情只会是我们一个人唱独角戏，到最后失去我们追逐的和拥有的一切。

# 爱的痛了，勇敢放手是最好的结局

几米曾经说"时间会慢慢沉淀，有些人会在你心底慢慢模糊。学会放手，你的幸福需要自己成全。"放手或许会让我们有短暂的忧伤，但是放手却能成全我们未来的幸福。

当有些人不再适合我们，或是苦苦挽留也留不住对方时，我们要做的便是放爱一条生路，对那些人、那些事不再强求。学会勇敢放手，珍惜眼前所拥有的，我们才能将自己的生活过得活色生香、热气腾腾。

有人曾经调侃说："恋爱有风险，相爱须谨慎"，虽说是调侃，也还是有一定道理的。男女双方从相识到相知，再到相恋相爱，步入婚姻的殿堂，除了缘分，还要经历很多的风雨，才会"有情人终成眷属"。

当然，并不是所有的有情人都能走进婚姻的殿堂，也不是所有的有情人都能白头到老。一段感情中，双方因为某些原因而选择分手，这也是正常的。而在面对分手、面对婚姻破裂时，很多女人都会因为脆弱而受到伤害。

一段感情终结后，我们会难过、会伤心，有时也会愤怒，这是人之常情。然而有些女人却做出了很多过激的行为，她们为了挽留对方"一哭二闹三上吊"，有的甚至放下自己的人格尊严，对对方死缠烂打。

要知道，爱情是双方的，是两个人的事，如果对方想要退出了，就说明我们与对方的缘分尽了，不要再"剃头的挑子———一头热"，也不要舍不得放手。否则，失去理智的爱情只会让自己变得盲目、固执、任性。

作为一个新时代的独立女性，我们应该懂得"强扭的瓜不甜"这个道理。既然勉强不得，那就适时舍弃，也只有懂得了放弃的真谛，我们才不会被失败的恋情和婚姻打倒，才会坦然面对这一切，去享受生活的美好，去等待未来的幸福。

否则，就会变得和下面案例中的李曼妮一样。

李曼妮是一个事业心很强的人，常常因为工作的需要而加班到很晚。而她交往了7年的男朋友，那个已经和她谈婚论嫁的人，因为李曼妮工作繁忙，他不甘寂寞背叛了李曼妮。那个男人认识了一个年轻漂亮的女网友，便移情别恋，毅然决绝地和李曼妮分了手。

身边朋友都劝李曼妮，分就分了吧，这样的"渣男"即使你这次原谅了他，难保没有下一次，7年的青春和陪伴，却换不来对方对感情的专一，这样的负心人，不要也罢。

可舍不得放手的李曼妮却不这样认为，虽然对方的背叛令她伤心欲绝，但是曼妮仍想尽办法来挽回男友，她觉得自己的青春不能白白付出，唯有将对方牢牢守住，才不算辜负这7年的感情。

可是，男友去意已决，不管李曼妮如何哀求，对方就是不肯回头，甚至躲着她。见不到男友，她就拼命地打电话去质问他："自己到底哪里不好，为什么说分手就分手……甚至以跳楼来威胁对方回心转意。"

曼妮的苦苦挽留和威胁并没有让对方心生怜悯，反而断掉了和李曼妮的所有联系，电话换了、微信换了，男友甚至还嘱咐两人相识的朋友不要告诉李曼妮自己的任何消息。

自从男友"凭空消失"后，李曼妮开始变得不平、愤懑、幽怨，甚至自卑，觉得自己不够好，不够年轻漂亮，所以男友才弃她而去另结新欢。她开始自暴自弃，常常去酒吧通宵买醉，还三天两头请假旷工，曾经事业型的女强人，如今已变了模样，将自己的生活和工作经营得一塌糊涂。

其实，一段感情的完结，不代表人生的结束，只能说明对方是自己生命中的过客。我们为什么要为了这样一个过客而让自己变得不快乐、不幸福，变得如此不堪呢？

爱变了，勇敢放手是最好的结局。或许当我们放手，转身便会发现下一站的幸福，发现人群中那个更适合自己的他。不要在一段痛苦的感情中继续沉沦，当爱已逝，当缘分已尽，不如勇敢放手，成全对方的同时也成全自己，给自己一个追求真爱的机会。

对于那些已经无法挽回、逝去的爱情，勇敢地放手才是明智之举。也只有这样，我们才能继续前行，开始我们的新生活，寻找我们下一站的幸福。

舒畅很爱他的男朋友，因为爱得深总是害怕会失去，所以她把自己的缺点掩盖起来，害怕对方见到自己不完美的一面。在与男朋友的爱情里，她总是小心翼翼，压抑着自己的情绪，事事容忍，可这样的忍让，却让男友养成了臭脾气，常常对舒畅大吼大叫。

男朋友经常酗酒赌博、彻夜不归，这让舒畅非常难过，但是她却选择独自承受这些痛苦，并期待男友有一天会良心发现，会对自己报以同样的好。

但她想错了，一味的忍让与迁就，并没有让她的爱情得到长久的保鲜，反而让她的爱情早早地腐烂变质，成了刺痛自己心灵的"利刃"。因为男朋友毫不犹豫地背叛了她，而对方背叛的理由竟是舒畅太软弱了，太没有自己的个性了。

感情的世界里，如果遇到像这样的人，经历着这样一段感情，真的没必要像舒畅那样对自己委曲求全，对对方曲意迎合，这样只会让对方不懂珍惜并轻视自己。

女人的心灵就像是一个诺大的花园，需要我们经常去打理，拔掉那些抢走其他花朵养分的"杂草"，这样我们的心灵才会繁花盛开。变质的感情，破裂的婚姻，无法挽回的爱人，把这些"杂草"通通舍弃。虽然短期内会痛苦，但痛苦只是一时的，痛苦过后我们才能真正成长，才能收获更好的幸福，并感到快乐。

很喜欢飞儿乐队的一首歌《Lydia》，歌词是这样的：

Lydia，幸福不在远方，

开一扇窗许下愿望，

你会感受爱，感受恨，感受原谅。

生命总不会只充满悲伤，

他走了带不走你的天堂，

风干后只留下彩虹泪光，

他走了你可以把梦留下，

总会有个地方等待爱飞翔。

正如歌词中所写，他走了就走了，我们的生命里不会一直是悲伤，他走了带不走我们的天堂，他走了我们可以把梦留下。请相信，勇敢放手让对方离开，下一站的我们会更幸福，会迎来更美好更滋润的生活。

放手，是人生的豁达，也是一种积极进取的人生态度。爱的痛了，勇敢放手是最好的结局。他要离开，我们便勇敢放手，不要哭泣，也不要惧怕，未来的人生旅途中，我们一定会遇到更好、更合适的那个他。

# 名花有主，就别做备胎的美梦了

一天，在和朋友聚餐时，有人突然问了这样一个问题："你们觉得什么样的女人才算有修养？"当大家讨论得热火朝天的时候，突然有个男生小江说道："有了男朋友、老公，就不应该找备胎再跟其他男人暧昧了，这才是女人该有的修养。"

小江这样说也并不奇怪，因为他差点就成了一个女生的备胎。

在一次朋友聚会上，小江认识了一个名叫小优的女生。两人第一次见面的场景有些奇葩，在众人频频向小江劝酒时，小优不知从哪里冒了出来，端起小江的酒杯豪气地说："他有点不胜酒力，这杯酒我就帮他干了，你们随意！"说完，将杯中的酒一饮而尽。

看到小优的这一举动，同桌的人直接纷纷起哄，说小江和小优两个人这波狗粮撒得刺痛了他们的眼，还问小江什么时候把大美女骗到了手，这让小江有些尴尬，因为自己和小优也是第一次见面。

聚会结束后，小江加了小优的微信，并向小优表示自己的感激之情，谢谢她能帮自己挡酒，小优却豪爽地说："没什么啦，我看你喝酒时那么拘谨，就猜你肯定是个不会喝酒的人，怎么样，我是不是很厉害啊！"说完，小优对着小江甜美地一笑，转身便离开了。

小江第一次认识像小优这么豪爽的女生，一时间竟对她产生了好感。小江觉得，小优对自己或许也是有一些好感的，不然怎么会帮一个不认识的男人挡酒呢？

于是，小江决定追求小优，但是为了不造成误会，小江在追求之前也多次问小优有没有男朋友，而小优总是回答得模棱两可，笑嘻嘻地说："你觉得呢？我这么漂亮的女生当然有很多人追啊，追我的人里不是就包括你吗？"然后还娇羞地用手指戳了下小江的胸口后一脸羞涩地跑开。

　　面对小优的举动，小江觉得她是对自己有意思的，而且既然小优看出了自己的心思，那自己就该行动了。于是，小江便放开了手脚，对小优展开了热情的攻势。约小优吃饭、看电影，还一起逛街给小优买衣服、买礼物。小江所做的一切，小美照单全收，却又不给小江确切的答案。

　　追了这么久，依然没有确定和小优之间的男女朋友关系，一直处于一种暧昧的状态，这让小江有些着急了，于是在情人节这天，小江捧了99朵玫瑰花来到小优家楼下等她，决定再来一次正式的表白。然而在寒风中等了近一个小时的小江，却看到小优亲密地挽着一个男人的胳膊走来。

　　此时的小江倍感尴尬，一时之间竟不知道如何是好。反而是小优，却落落大方地向小江介绍了她的男朋友，还对男朋友介绍说小江是追求她的人，一直都在纠缠她。小优转身拉着男友的手离开时，小江还隐约地听到那个男人对小优说："你的魅力好大啊，追求者还真多。"听到这句话，站在寒风中小江觉得自己格外清醒。

　　其实这并不是小江的错，小江也多次询问过小优是否有男友，但小优并没有给出肯定的答案。后来小江追求小优，小优不仅没有明确地拒绝，反而对小江的付出来者不拒。明明已经名花有主，却有意和其他男人暧昧不清，把其他男人当成自己的备胎，事后居然还厚颜无耻地说是别人纠缠她。

　　一个女人在名花有主后，要做的应该是一心一意地对待自己的爱人，而不是在外面招蜂引蝶，与其他的男人暧昧不清，坦然地接受其他男人的馈赠。虽然，人见人爱花见花开是一个女人引以为傲的事情，因为这样可以证明自己的魅力，但是在名花有主的情况下做备胎的美梦，却是不道德的。

女人可以不漂亮，可以没有好身材，甚至可以平庸，但是却不能没有修养，不能不善良。不随意与其他男人搞暧昧，给自己找备胎的女人才是真正有修养的女人，才会受到大家的喜爱。

如果一个女人喜欢吃着碗里的看着锅里的，即使她是天使面孔、魔鬼身材，时间久了，也不会有人愿意靠近她，大家只会鄙夷她、厌恶她。

在大学时期，认识一个令人敬佩的学姐，学习好、能力强，最主要她还人美心善。这么优秀的女生，当然有很多的爱慕者和追求者，但是她从来不会因为别人对自己好，就坦然享受其中。因为她从不给不喜欢的人遐想的空间，从不让自己与其他男生玩暧昧。

所以，她总是会直接拒绝那些追求者。有人觉得她有些不近人情，反正自己还没有男朋友，为什么要直接拒绝追求者，还不如和他们保持暧昧的关系，也给他们一点希望。但是学姐却义正言辞地说："既然不喜欢，为什么要吊着他们胃口？暧昧不清对他们才是残忍。这个世界上，没有人有权利把别人当成自己的备胎！那是对别人的不尊重，也是对自己的亵渎。"

同样是美女，同样有很多异性追求，而学姐的做法与小优完全相反。学姐拒绝暧昧，不喜欢对方就把话说清楚，拒绝得明明白白；而小优有男朋友，还与其他男人暧昧不清，做着备胎的美梦。学姐活出了女王范儿，而小优却活出了廉价的味道。

一生当中，总会遇到几个人，经历几段感情，但我们却不应该同时与好几个人维系几段感情，这样的行为除了能满足自己的虚荣心之外，什么都得不到。不仅不能证明自己的魅力，反而会失了自己的品格和涵养，一旦被拆穿，还会被人轻视。

# 与其将就，不如高质量的独身

人这一生，既不长也不短，但是要想把每一天都过好却并不容易。越长大越孤单，因此我们总希望在茫茫人海中遇见自己的真命天子，建立属于自己的家庭，早点结束单身生活。

在现实生活中，如果我们到了一定的年纪还没有谈恋爱，那么身边的家人和朋友就会不断地催促，让我们快点结婚。那些已婚的朋友会不断地在我们耳边说，找一个差不多的就行了，再耽误下去年纪大了更不好找，将就一下就好了，嫁给谁都是一样过日子。

但是我想说的是：千万不要将就，爱情是你的，婚姻是你的，一辈子过得幸福与否也只有自己才能体会。你若将就，只会让自己过得痛苦，所以，短暂的人生不需要将就，适合自己的才是最好的，才能与我们相知相伴，不离不弃。

可偏偏就有许多人选择了将就，觉得差不多也能过日子，然后在将就的婚姻中不断地告诉自己，好好生活，也可以过得很好，到最后却过不了自己心中的那道坎。

在世俗的眼光中，许多人因为害怕别人异样的眼光，为了父母之命媒妁之言而选择了将就的爱情，将就的婚姻。但是，爱情和婚姻不是小孩子过家家，而是一辈子的终身大事。婚姻是爱情的延续，如果我们选择将就的爱情，最后将就的婚姻会让你痛苦不堪，因为那个每天与你过日子的人既不懂你，也不是你心中念念不忘的那个人。

露露和小妍是好朋友，虽然她们都是"剩女"，但是她们对待爱情和婚姻的态度却截然不同。

露露自从过了三十岁生日后就明显变得着急了，说她是"恨嫁族"一点都不为过。她几乎把所有的时间都用在了相亲上，每天不是相亲就是向人讨教婚姻和持家之道，真是万事俱备，只欠对象了。

其实，在这之前，露露对自己的另一半也有着明确而清晰的标准，不管是外形、工作、言谈举止、家庭背景还是人品等方面，她都能细细道来，那时她的择偶观是理性而客观的。

但三十岁一过，她就开始着急了，她总觉得到了这个年纪还没有结婚，周围的人会用异样的眼光看着她，总觉得自己就像是超市里那些被人挑剩的白菜，再不打特价就永远被剩在那里了。

当她看着身边的朋友纷纷走入婚姻的殿堂，她的心更慌乱了，于是，她不断降低自己的择偶标准，希望能在三十五岁前如愿地嫁出去。

有一天，露露对小妍说："我要结婚了！"小妍惊奇地问道："这么快，也没听说你在谈恋爱呀！不过话说回来，你结婚的对象是相亲认识的吗？"

露露对小妍说："再不结婚就老了，我都相亲这么长时间了，见了不下一百个人了，他算是比较合适的吧，凑合过日子又不是不行。比我大十岁，离过一次婚，但是没有小孩，有房有车有存款，经济条件算是不错的。虽然长得不帅但是也不丑，从各方面的条件来说，比较合适，所以我决定和他结婚了。"

小妍听完后，问露露："那你爱他吗？"露露听到小妍的问题，无奈地笑了笑，回答道："爱，这年头有几个是因为爱而结婚的呢，我只想快点结婚，有没有爱也差不了太远，说不定结婚后我们也能培养出感情呢？先结婚再恋爱应该也不错。"

看到露露无奈的笑容和闪烁的眼神，小妍想到几年前露露坚持寻找真爱的决心，于是对露露说："你为什么不再等等呢？等找到一个真正适合自己的，彼此相爱的，一起携手建立一个幸福有爱的家庭？"

露露说："我想等，但是我的年龄却不能再等了，我已经过了三十了，我耗不起，也等不起了，我不想成为大家眼中嫁不出去的剩女，万一结婚后真的合不来，大不了就离婚。"

露露的婚礼办得很热闹，一对新人看起来非常幸福，作为好朋友的小妍只能祝福露露，希望她以后的日子能幸福美满。

一年后的某天，露露对小妍说她已经离婚了，因为结婚后她才发现丈夫是一个表里不一的人，表面上和和气气、谦逊有礼，可事实上却是一个"暴君"。经常对她大呼小叫，家务事从来不伸手，也不懂得体贴人，生活习惯更糟糕得一塌糊涂。

而对方总说露露是吹毛求疵，是故意找茬。后来，他们果断选择了离婚，就像结婚时那样，迅速办妥了离婚手续，和平分手。

露露说，没想到将就的婚姻让她如此痛苦，恢复了单身的她感觉特别好、特别安宁，与之前单身不同，这一次，她成了一名离异的"剩女"。

如果强行把两个并无太多交集的人绑在一起，把幸福寄托在婚后，那么这场将就的婚姻注定是不会幸福的，同时还会白白地耽误自己和别人的时间。

其实，在现实生活中，像露露这样的例子并非个案，许多女人到了三十岁就慌了神，着急把自己嫁出去，觉得只要找个差不多的人结婚就行了。有些姑娘，连恋爱都没有谈过就急急忙忙把自己给嫁了；而有些姑娘，甚至在完全不了解对方的情况下，也选择了结婚。

　　这样的婚姻，哪里会有幸福可言。我们应该明白，婚姻不是儿戏，虽然可以重新再来，但中间必然要付出一些代价，承受一些损失。因此，不管我们的年龄有多大，身边的人如何催促，我们都要谨慎地对待婚姻，不要因为结婚而结婚。

　　有时候，高质量的单身比将就的婚姻会让我们更自信、更踏实。

　　其实小妍和露露一样，是一名"骨灰级剩女"，但是面对催婚，她总是笑嘻嘻地说："不要着急呀，慢慢来。"

　　小妍认为自己等了这么多年，就是要等那个最合适的人出现，虽然等了很多年，可还是不想因为年龄的问题委屈自己，将就自己。她经常说："与其将就，不如高质量地独身，把自己安排好，用最好的姿态迎接爱情。"

　　小妍在没有谈恋爱的日子里，总是把自己的生活安排得很充实，工作时认真努力，下班后不是学习，就是做一些自己喜欢的事。因为在她的认知里，爱情和婚姻虽然很美好，但却不是生活的全部，她的目标是让自己过得充实、开心，她相信总有一天，她的白马王子一定会乘着七彩祥云来接她，她理想中的爱情一定会来敲门。

　　幸运的是，小妍在自己三十三岁的那一年遇见了她的"白马王子"，对方在一家世界500强企业做高管，儒雅内敛，彬彬有礼。对方所有特征几乎都符合小妍的择偶标准，更重要的是，他们三观一致，兴趣爱好也相同，谈了接近两年的恋爱后，小妍结婚了。婚后，两人恩爱有加，彼此都会为对方着想，生活过得幸福和谐。

　　小妍之所以能遇见高质量的爱情和婚姻，是因为她自己活出了高质量的单身。当她没有遇见爱情的时候，既不着急，也不抱怨，而是通过学习和努力让自己变得更优秀，用自己最好的一面等待爱情。

　　与其将就，在低质量的爱情和婚姻中消耗彼此，还不如选择高质量的独身。找一份喜欢的工作，学一些生活的技艺，让自己变得独立又有情趣。

比如养花、烘焙、看书，或者是做一些自己感兴趣的事，去旅游、去健身、去社交，让自己保持好的身材和心态，用各种爱好丰富自己的业余生活，不负时光流逝。

如果你这样做了，还怕找不到那个共度一生的他吗？

在爱情里千万不要将就，耐心等待那个始终待你如初见的人，等待那个能给你足够安全感和归属感的人，等待那满眼全是爱意的人。假如你还没有遇见，请不要着急，给自己足够的时间，多出去走走、看看，让自己变得更好。

爱情不会缺席，哪怕姗姗来迟，但，一定会来。

# Chapter 9 / 且行且思，
## 绽放芳华

当你的才华还撑不起你的野心时，你的首要任务便是想办法自我增值，做一个自律且聪明的人，懂得合理利用时间来做好人生的规划，来提升自己的价值，从而让自己变得底气十足，在世人面前绽放最美的花期。

# 单身是最好的升值期

一个人的时候，觉得时间特别难过，我们总是会下意识地去寻求心灵上的慰藉。例如，找朋友聊天、逛街、看电影……总之，只要能把我们从一个人的孤单中解脱出来，什么事情都可以。

我们常常把单身视为孤独，把孤独归结于自己的人缘太差，却未曾想过，单身是自我增值的最佳时期。单身可以让我们破茧成蝶，蜕变成最优秀的人。

刚走进大学时，楠楠是我们宿舍唯一的单身贵族。那时，楠楠和交往了两年的高中男友因分隔两地而分手，楠楠陷入伤痛中无法自拔，做什么都提不起兴趣。舍友们出于关心，每次聚餐或相约外出游玩时，总要拉着楠楠，生怕她想不开做什么傻事，然而楠楠总是用沉默拒绝了我们。

一天，当我们拉着楠楠一起逛街时，她却没有和往常一样面无表情一言不发，而是勉强挤出了一丝笑容说："你们去吧，我已经没事了，都过去了。"虽然这样说，但楠楠依然拒绝参加我们的集体活动。

日子一天天过去，从伤痛中逐渐走出来的楠楠还是一如既往地做她的独行侠。她既不参加我们的集体活动，也不跟我们一样去花前月下。时间久了，有什么好玩的活动，大家也就不再叫她了。以至于后来，楠楠交了哪些朋友，去了哪里做了什么，我们都不太清楚。

突然有一天，趁大家都在宿舍的时候，楠楠递给了我们几张话剧票，说："大家有时间的话，今晚去学校礼堂看话剧表演吧！"去了之后，我们才发现主演是她，原来刚进学校时那个多愁善感不善交际的楠楠，如今已是笑容满面自信满满。

某天，楠楠拿到了奖学金，就在她请我们去吃饭庆祝时，我们才惊觉原来那个连普通话都说不标准，成绩一直倒数的楠楠，早已不声不响地一跃成为班级前几名，并发表好几篇专业论文了。

某天，楠楠收到了托福考试的成绩单，我们才意识到，原来她已经在为出国留学做准备。当我们都在忙着恋爱，忙着享受人生的时候，楠楠却已经在为她的未来积极备战。

我们发现，楠楠变了，变得与之前相去甚远，不止是形象气质，还有谈吐和学识。她再也不是站在人群里毫不起眼的那个女孩，再也不是那个被爱情伤了后整日悲观厌世的女孩了。

如今的她，自带光环，浑身上下都散发着一种魅力。如今的她足以让所有人信服，她的能力与才情值得她拥有一切美好的东西。

看着眼前的楠楠，自信、独立、坚强、乐观，大家感到好奇，便问她："你怎么突然就变了，变得这么优秀了？"

楠楠一脸平静地说："哪有什么突然，只是你们没发现而已。当初失恋后，我也很伤心很绝望，虽然有你们的开解和陪伴，但我也不能自私地让你们陪我一起难过呀！后来，我也想明白了，与其把宝贵的时间浪费在伤春悲秋，还不如做一些有意义的事，比如提升自己。"

她还说："当我把全部时间都投入到学习中，我惊喜地发现我的内心变得充实了，我不再失落伤感了，不再胡思乱想了，也不用整天被那些复杂的人际关系和外界的指指点点弄得焦头烂额了，我可以心无旁骛地静下心来，好好享受单身的生活。"

停了一会儿，楠楠又接着说："最终我发现，单身也没有什么不好，它让我可以集中精力认认真真去做一件事。瞧，我现在一个人不是也过得很好吗？"

的确，那时的她足够优秀。谁也不曾想到当初那个平凡得不能再平凡的姑娘，利用失恋后的单身时光，努力提升了自己，成功实现了自我增值，让自己一步一步从丑小鸭变成了美丽的白天鹅。

单身又如何？单身意味着我们有大量的时间与精力来好好思考自己的人生，规划人生，提升自己，蜕变成最好的自己。

相比那些整天忙着谈情说爱的人，他们是不可能像单身之人那般潇洒，想做什么就做什么的，因为他们的时间被其他的人和事占满了，在他们的计划里，永远要顾忌这个考虑那个，他们想要提升自己，恐怕没个三年五载落实不到行动上来。

时间对每个人来说都是公平的，你如何安排自己的时间，时间就会以怎样的方式来回馈你。不要说自己没时间、很忙，那些都只是你为自己找的借口而已。哪怕时间有限，我们也可以在有限的时间里挤出一点时间规划自己的人生，努力提升自己。

哪怕每天只用一个小时，或者两个小时，每天改变一点点，每天努力一点点，日积月累下来你就会发现，时间不止改变了我们的容颜，同样也改变了我们的心境和认知。

单身是最好的升值期，千万别急着让自己走进二人世界，因为二人世界会对你的生活带来诸多束缚，只有单身才会让你无所畏惧勇往直前。

好好享受那难得的单身时光吧！只有单身时光，才能让你看清自己的内心，清楚地知道自己的需求，知道明天的自己该去向哪里。

# 你若娇气，生活反而更失意

　　一天早上，刚开完早会没多久，我正盯着电脑屏幕思考着新策划方案，突然不远处的茶水间传来了一声尖叫。

　　我们跑过去一看，发现幂幂正一脸惊恐的样子，顺着幂幂的视线，我看到娟子的怀里抱着一桶桶装水，看样子是准备放到饮水机上去。瞬间，我明白了幂幂尖叫的原因，娟子是办公室公认的"女汉子"，像换桶装水这样的事对她来说根本就是小菜一碟。

　　可对于娇滴滴的幂幂来说，却是一件不可思议的事。对于娟子的举动，幂幂和平时一样又开始数落起了娟子："亲，你要时刻记得你是女生，是淑女，像这种力气活让他们男生来就好了。"

　　娟子看了看站在门口的我，又看了一眼幂幂，笑了笑说："他们不是都在忙吗？再说这个也不重。"说完，也没要我们帮忙，便自顾自地把水给换好了。

　　娟子的"女汉子"形象已经得到了全公司的认可，大家早就见怪不怪了，可是娇滴滴的幂幂，却总是在娟子发挥"女汉子"风格的时候，站在一旁不停地念叨着："女人就要活得有个女人样，千万不要让自己活得太坚强。"

　　可能在很多人眼里，都不太认同娟子的这种做法，都会和幂幂那样，认为女人就该温柔似水，就该撒娇卖萌，哪怕自己真的能做好一件事，也要故意在男人面前装傻充楞，把自己显得很弱。只有这样，对方才会心疼你，才会多承担责任。

曾经，我也这样认为，直到娟子的出现，彻底颠覆了我的观念。娟子的独立自主让她很快在公司站稳了脚跟，与她在同一时期进公司的同事中，她升职加薪最快。很多同事对此都不服气，凭什么好事都被她一人占了？

大家去找经理理论，经理反问："你们能像人家那样吃苦耐劳吗？"大家一听这话，都像泄了气的皮球，一下就焉了。

的确，娟子之所以升职加薪最快，最重要的一点就是她不娇气。本来公司里男女比例就严重失调，还偶尔有人"大姨妈"来了身体不适请假，孩子生病请假等情况，再加上像幂幂这样娇滴滴的同事又多，加班不能加太晚，否则黑眼圈就出来了；出差水土不服，吃不惯当地饮食；陪客户不能喝酒，喝酒伤身……总之，各种各样的请假理由与逃避出差的理由每天都轮番在办公室上演。

这样下来，工作效率自然会受到影响，可这些理由到了"女汉子"娟子这，那都不是事儿。加班没关系，可以多挣点工资；出差也没关系，可以看风景、尝美食；应酬也没关系，可以发展更多的客户。

所以，娟子的工资和奖金每次都是最多的。当幂幂在抱怨连个名牌包包都买不起的时候，娟子的存款却在一路噌噌噌地往上涨。

和幂幂的想法不同，娟子清楚地认识到：在江山辈有人才出的时代弄潮下，只有凭借吃苦耐劳的精神才能在人才济济的公司里占得一席之位，为自己赢得一份成功。

说到这里，有些人可能又有想法了，娇气的女人即便在职场上吃不消，可人家职场失意情场得意呀！温柔似水的女人变成了"女汉子"，情感的天平怎么可能不倾斜呢？

真的是这样吗？未必。不娇气的女人除了职场，即使是在生活中，也照样活得风生水起，把日子过得红红火火。

我邻居李阿姨的儿子泽，便认识了这样一个不娇气的姑娘。

泽是一个斯斯文文的男孩，经人介绍认识了一个姑娘，接触了一两次，他觉得对方不娇柔不做作，便决定继续交往。可接触多了以后，泽便开始犹豫了，他觉得对方太女汉子了，简单的复杂的事她全干了，从来不依靠他。

泽觉得自己英雄无武之地，慢慢地便疏远了对方。

后来，身边一直有人替泽介绍，他也尝试着交往了几个。最终却发现，那些女朋友没有一个靠谱的。

第一个女朋友，温柔似水小鸟依人，对他也很好，可什么都不能处理，且动不动就发脾气，不管什么时候也不管什么场合，女朋友只要有不会做的事情，都会第一时间叫泽过去处理。久而久之，泽身心俱疲，和对方分了手。

第二个女朋友，既独立也温柔却是物质至上的人。每天都是不停地买买买，泽从中体会到了自己的价值和存在感，却也变成了月光族。不堪重负的泽，此段恋情又以分手告终。

连着相处了几任，却屡战屡败，泽开始想念起之前那个女孩的好，他觉得过日子还是找那种不娇气的比较好。绕来绕去绕了一大圈，泽最终还是回过头来选择了那个"女汉子"般的姑娘，婚后的泽不停感叹自己运气好捡到了宝，娶个"女汉子"般的姑娘做老婆，自己反而乐得轻松自在。

踏入社会，身边的每个人都对自己说，作为女人，一定不要把自己活得太廉价，一定要活成众人敬仰的模样，这样身边的人才会珍惜你、疼爱你。可事实真是如此吗？娇气真的让你得到众星捧月般的待遇了吗？

　　并没有。你若娇气，生活反而更失意，周围的人更会远离你。因为娇气的你太做作、太虚伪，和朋友约会，为了显示娇气，你故意迟到；和异性爬山，为了显示娇气，你装身体柔弱；和领导吃饭，为了显示娇气，你故作矜持。

　　你娇气只能说明你没底气。所有的假装都是为了显示你娇滴滴的女人味，可最终娇气并没有让你得到众人的呵护，反而让你失去了自我，失去了独立自主的能力。这样的人生，真的是你想要的吗？你真的过得快乐吗？

　　提起刘涛，很多人就会想到《欢乐颂》里面的安迪，坚强独立，不仅是在电视剧中，现实生活中，刘涛同样也是一个坚强独立的女人。在《花儿与少年》第一季播出后，很多观众都见识到了她不为人知的一面。在节目中，不管是整理行李箱还是照顾其他成员，丝毫看不出她的娇气，很多观众也因此对她路转粉。

　　娇气并不能让你得到众人的垂怜，也不能让你凭空获得成功，与其羡慕他人的好运气，不如放下娇气，脚踏实地走好自己的每一步。

　　不娇气，你才能奋发图强勇往直前；不娇气，你才能不攀附他人，活出自己的底气；不娇气，你才能勇于承担责任，做最真实的自己。

# 想要自由，先学会自律

有这样一个寓言故事：

套在框架上的玻璃，内心总觉得玻璃框束缚了自己的自由，于是它拼命挣扎，终有一天心愿达成，那一刻它欣喜若狂，可没想到刚离开框架，就掉在地上摔了个粉碎。

这则寓言故事告诉我们，不管是人或物，总是要受到某种制约才能更好地生存和发展，才能得到自己想要的自由。然而，没有自律何谈自由？想要自由前，我们必须严格控制好自己的行为举止，让自己变得自律，唯有如此，才能在自律中获得真正的自由。

自律是什么？自律就是遵循法度，对自己的言行举止加以约束。自律，说起来容易做起来难，很多人总是三天打鱼两天晒网，自我放松要求，并在之后的某一天，又十分懊恼当初太放松自己了。

可是，懊恼又如何？你不自律，你的人生当然不能像其他人那样顺风顺水，风生水起；你不自律，你的身体自然也会和你唱反调，你的人生将苦不堪言。

一个人，唯有自律，懂得时刻约束自己，才能过得有滋有味，精彩纷呈，得到更多的自由。

香港首富李嘉诚，坐拥那么多资产，收获那么多成功，按照一般人的想法应该可以放松对自己的要求，不用自律了吧，可是他却坚持每天6点前起床，然后听新闻、打高尔夫，8点准时开始一天的工作，雷打不动。

富士康创始人郭台铭，每天也是四五点起床，然后跑步或游泳锻炼身体，7点开始工作直到深夜。

格力董事长董明珠在进入格力前，也是经常熬夜，通常都是半夜一两点才睡，早上五六点就起床开始工作。

这么多名人在成功后依然坚持自律，再看看你自己，是否在别人已经工作了好几个小时后，依旧赖在被窝里舍不得起床？是否当别人在跑步游泳锻炼身体时，你一边抱怨跑步太累，一边却在熬夜追剧逛淘宝？是否当别人在学习某项技能时，你却在电脑上无聊地打着游戏？

久而久之，你的生活枯燥乏味，你的身体越来越差，你的人生越来越糟糕。这一切，都是不自律惹的祸。一个人只有摒弃惰性，约束自己的行为，人生才能得到更多的机会，过上自己想要的生活。

刚参加工作时认识了一个女孩洁，五官精致但是身材很胖，所以再好看的衣服穿在身上都会黯然失色。洁之所以胖，是因为她管不住自己的那张嘴，面对美食她毫无抵抗力。突然有一天，当她在外面被人嘲笑为胖妞后，她便在办公室说她要开始减肥。

对于洁的话，我们只当她在开玩笑，作为同事我们太了解她了，她是一个做什么事都只有三分钟热度的人，想当初她可不止一次对我们说过要减肥，可哪次不是在美食面前缴械投降了呢？

"你这次肯定和之前一样，坚持不下来的。"对于我们的质疑，洁这次的反应有些激烈，说："等着吧，这次我真下定决心了，一定要减肥成功。"

洁开始了她又一次的减肥生涯。每天她都吃得很少，也不再带零食到公司，下午看到同事们点奶茶时她也自动放弃。晚上下班后，她一个人去健身房锻炼，像什么动感单车、跑步机、瑜伽等项目，她每天都会坚持去运动。

　　刚开始时，洁也曾累到虚脱，叫嚷着不去了，可想一想那几千大洋的学费，不去又觉得可惜，她便坚持了下来。一段时间后，洁惊喜地发现每天锻炼不仅让她的睡眠变好了，整个人也变得精神起来了。就这样一路坚持了三个月，不止体重变轻了，整个人的体型也变得好看了。

　　在此期间，洁真的是下定决心抗拒了许多诱惑。不管我们聚餐时如何盛情邀请她，她都一概拒绝。看到瘦下来后的自己，洁非常高兴，并笑称要将减肥进行到底，只有这样才能和自己的颜值匹配。

　　每个人都有很多想法，但能够将想法付诸到行动上的人却不多。因为大多数人不能自律，都觉得自己不能长期坚持某一件困难的事，会半途而废。可事实上，只要你熬过了最初的那段时间，坚持下来后你就会发现，自律可以让你拥有更多自由的时间去做想做的事，会让你有一种不服输的韧劲，朝着梦想勇敢前行。

　　也许有人会说，人生苦短及时行乐不好吗？干嘛非要受行为的约束让自己活在束缚中？这样想你就错了。一个人若不自律，就会满足于现状，就会不思进取得过且过，永远无法进步。

　　到那时，看着身边的人变得优秀，生活过得安逸时，你仅靠羡慕就能拥有他人的成功吗？就能让自己进步吗？显然不能，因为你不自律呀，不自律的人靠什么去追逐梦想、获得自由呢？

　　身边也曾有人对我说："我也知道自律所带来的好处，可我就是缺乏毅力，坚持不下来。"是的，生活中有很多人都坚持不下来，为什么呢？因为自律本身就是一种行为的约束，但不喜欢自我约束又是人的天性，因为被约束就代表着要放弃懒惰，要打破之前舒适和安逸的生活，所以，这也是很多人半途而废的原因。

　　想想看，每天睡到自然醒是不是一件很惬意的事？每天刷微博逛淘宝是不是很畅快？每天在游戏中过着"大吉大利，晚上吃鸡"的生活是不是特别有意思？可实际呢？这样的生活并不能让你获得任何实质性的回报，除了让你感到焦虑和迷茫外，只会让你变得一事无成。

　　这样的人生真的是你想要的吗？如果不是，那你就要让自己变得自律，约束自己的不良习惯与行为，主动学习、坚持完成未完成的事，哪怕你不喜欢，因为只有这样才能帮你提升自己的品格与修养，让自己变得优秀。

　　自律的人虽然在短期内会过得很苦，会放弃自己很多娱乐与闲暇的时光。但不自律，你人生的后半段将过得更苦，因为你放纵了自己，将自己的后半生过成了得过且过的日子。

　　想要自由先学会自律，只有自律，你才能有足够的本事将自己变得强大，不管顺境或逆境，都能处事圆滑微笑应对，让自己立于不败之地。

# 事有轻重缓急，如何处理更高效？

每个人每天都会遇到各种各样烦琐的事情。倘若，很多棘手的事情都在同一时间找上门来，你又该如何应对呢？

是告诉别人"我很忙，没空，你明天再来"；还是说"你们按先后顺序排队，我一件一件处理"；抑或是"领导现在不在，我不知道怎么处理"？

显然，这几种都不是很好的应对方法，为什么？因为"事有轻重缓急"，如果你分不清每一件事情的轻重缓急，很有可能会"捡了芝麻丢了西瓜"，甚至"贻误战机"犯下一些不可弥补的错误。

事有轻重缓急，每个人在做一件事情之前，都应该对自己的时间做出合理的规划与安排。唯有这样，时间才能在日后的某一天给予你更好的回馈。

我有个远房表弟，他家住在一个偏远的小县城里。表弟读书那会，电脑还没有像现在这样普及，那时候很多人要想玩游戏只能去游戏厅。很多人都喜欢玩游戏，而且玩着玩着就上了瘾，钱不花光或者父母不找来都不会轻易离开游戏厅。

表弟家条件并不太好，他父母一直在外打工，他跟家中年迈的爷爷奶奶生活。那时他喜欢玩游戏，但从不上瘾，而且每次都是做完作业才去，一般也就玩一个小时左右，到点就准时回家。

虽然学习没人监督，玩游戏也没人限制时间，但表弟却懂得合理安排自己的时间，懂得以学业为重，绝不因游戏而荒废自己的正事。

读书时表弟的成绩一直名列前茅，高考时如愿考上了自己心仪的名校，工作几年后小有成就的他，把在外奔波劳累辛苦大半辈子的父母接到了身边，安享晚年。

如果表弟那时不懂得区分事情的轻重缓急，一味地沉迷于游戏中，把游戏当成自己的主业，那或许就没有如今小有成就的他。

不管是学习还是工作，或是生活，一个人在做事情之前，如果能有效分清事情的轻重缓急，合理安排时间，无疑会成为一个充满智慧的人。

即使遇到再紧急、再糟糕的事情，也一定能游刃有余轻松应对，时刻保持清醒的头脑，不胆怯，更不让自己陷入慌张。

表妹的公司有个叫萧萧的行政主管，由于工作内容琐事太多，公司人员有限，所以萧萧的工作内容较多较杂。即便如此，她的工作能力仍然得到了公司所有人的认可，这一点在她还是一个很普通的职员时就体现了出来。

有一天，当她在办公室聚精会神地认真工作时，突然接到了在外出差的领导打过来的电话，告诉她：两个小时以后，公司将有一批客户到车间考察参观，他和经理会尽量在客户到达之前赶回来。但在此之前，需要提前将客户入住的酒店和午餐安排好，另外还要准备好会议室，将此消息传达到车间负责人等。

不凑巧的是，这天公司竟没有一个可以负责的人，领导们都在外出差或培训，办公室剩下的几个人几乎都是新员工，没什么经验，只有萧萧的资历要老一些。这意味着，萧萧没有任何人可以依靠，只有自己应对这一切。

还没等她缓过神来，就来了一名刚刚办好入职手续的新人，人事部让萧萧先帮着安排新人熟悉工作流程，紧接着，合作公司的业务员拿了一叠结算清单来找她对账，说是月底了公司要入账，让她核算清楚后找领导盖章签字后他带回去。

话刚说完，门外又响起了一阵脚步声，接着销售部的同事拿着报销单据来找她，策划部又打电话来催她，让她赶紧把一份重要文件做好后发过去，那边等着要……

短短一会，狭小的办公室便挤满了人，那些找她办事的人都围在萧萧的座位旁，等着她处理事情。

就在此时，人群中有两个人开始吵了起来，其中一人说自己先来的，另外一人又说自己的事情很紧急，说着说着，二人声音越来越大，眼看着一场暴风雨就要来临。

趁着二人争论的时间，萧萧赶紧把所有的事情在脑海中过了一遍，然后从座位上一跃而起，把其中一个吵架的销售部同事拉到门外的走廊上，说："稍后公司有重要客户要过来，如果让领导见到这一幕，恐怕也不太好吧。"

听到萧萧这样说，这名同事想了想，也对，被领导和客户见到自己吵架的一幕，实在是有些不妥。于是，他便对萧萧说："那你下午不忙时我再过来吧。"

另一个吵架的人，见对方走了，也就不好再继续争论了。

萧萧回到办公室，接着对入职新人说："今天你就先跟着我熟悉一下接待客户的流程吧，这个对你以后有帮助。"新人点了点头说："好的。"

接着，萧萧又对合作公司的业务员说："今天实在是不凑巧，领导们都不在公司，就算我现在签了字，领导没有签字你那边也入不了账。要不，你今天先把单子放在这里，改天我这边核对完处理好了，再通知你过来拿，可以吗？"

"好的，这样也可以，那你弄好了通知我吧！"对方业务员对萧萧的安排也表示了认可。送走了合作方业务员，萧萧又赶紧打电话预订了酒店和午餐，然后再将那份做好的文件发给了策划部那边。

做好这一切后，萧萧赶紧去安排会议室，并亲自去车间向负责人传达了此事。在此过程中，她还准备了茶叶、水果、鲜花和欢迎牌，将一切都安排得井然有序。当然，在做这一切的时候，她也没有忘记向新同事介绍公司的一些相关情况。

聪明人懂得合理安排时间。萧萧临危不乱，淡定从容，根据轻重缓急把事情做了合理的安排，并让客户感受到了来自他们公司的诚意与重视。后来，萧萧又经历了好几次这样的突发事件，可每一次她都能不慌不忙地沉着应对。

再后来，懂得分清轻重缓急的萧萧被委以重任，成了行政主管，负责公司大大小小事宜。每个人都难以避免会遇到萧萧这种情况，当诸多琐事交织在一起时，你能像萧萧这样根据事情的轻重缓急来高效率地处理问题吗？如果不能，就要努力提升自己的工作能力，提高自己对时间的管理和认知，这样你才能在面临一些突发事件或琐碎事情时，不至于焦头烂额，忙中出错。

# 宁愿走得慢，也不要走得乱

我的朋友晓雯如今是一家科技公司的人事部高管。在一次闲聊中，她和我分享了她的职场故事。

初入职场的时候，晓雯在一家知名的建筑公司做文案策划，那时候的晓雯，年轻、单纯，刚刚走出象牙塔，无法适应职场的快节奏，面对工作每天忙得团团转，总是身心俱疲。

有一次，她所在的策划部门接到了一个紧急任务，给一个新客户写策划书。因为第二天就要开会讨论，老板要得很急，所以交代他们一定要做完才能下班。那天，整个部门的人分工协作，集体加班。

到了晚上八九点钟的时候，完成了自己手头工作的同事们便开始陆陆续续离开了，而在同事眼中一直比别人"慢半拍"的晓雯，眼看着办公室的人越来越少、夜越来越黑，心里也越来越着急。

然而，越是着急，越是不出成绩。后来，手忙脚乱的晓雯便想到了一个"捷径"，她翻阅了一些已经离开的同事的策划文案，并从中"借鉴"了一些灵感，东拼西凑的完成了工作。

那天晚上，晓雯几乎彻夜未眠，她心里很害怕自己的"借鉴"带来严重后果。第二天，盯着一对熊猫眼上班的晓雯也始终心不在焉。后来的几天，她也一直在坐立不安中度过，一方面担心自己的"借鉴"被发现，另一方面又为自己走的那个"捷径"而感到愧疚。直到那时，晓雯才明白，原来，捷径不是那么好走的。

煎熬了几天后，晓雯坐不住了，主动找到老板，说明了情况，并认认真真重新做了一份策划文案交差。晓雯说，直到那时，她的内心才得到了真正的安宁，那种窃取别人劳动成果的耻辱感和不安感才得到了平息。

虽然，这件事已经过去很久了，如今的晓雯，也早已跳槽升职，不过这件事，却始终被她铭记在心。每次想到它，她都会在心里默默告诫自己：捷径真的不能乱走，无论遇到什么事情，都一定要脚踏实地。

其实，人生又何尝不是这样呢？

在漫长的一生中，我们总会遇到许多的挫折和困难，我们必须付出努力和辛苦。然而，许多自以为聪明的人，为了不那么辛苦，为了避开那些挫折和困难，便想到了走捷径。殊不知，人生的道路很长也很美，当我们走捷径的时候，便会错过许多珍贵的风景。并且，在每一条捷径的背后，其实都蕴含着风险，而我们每一次所走的捷径，也只会扰乱我们自己的步伐，不仅不会帮助我们，甚至，还会将我们带入万丈深渊。

所以，不要急也不要慌，踏踏实实，一步一个脚印认认真真地走，如果道路泥泞，就小心地走；如果遇到了坎儿，就绕着道走。总之，宁愿走得慢，去体会其中的酸甜苦辣、世态炎凉，也不要走得乱，扰乱了自己的步伐。

刚毕业那会儿，我和另一个女孩小慧一起应聘到了一家大型快消品公司，从事文员工作。因为年纪相仿，又同期进公司，我们的关系比一般的同事更亲近一些。

尽管刚毕业，但小慧很向往"上流社会"的生活方式，也常常在我耳边念叨，自己不想那么辛苦，所以一定要想办法融入"上流社会"，找个靠谱的好老公。那时候，我们的工资很少，可是小慧却几乎将所有的钱，都花在了名牌服饰和化妆品上。

　　作为朋友，我不止一次劝解小慧，不要那么功利，脚踏实地地靠自己，未必不能收获幸福。因为在我看来，小慧既没有"上流社会"的经济实力，自身条件也相当一般，即便是硬挤，也不一定挤得进去那个圈子，与其浪费时间、浪费精力，不如务实一点，努力去奋斗。

　　可是陷入其中无法自拔的小慧根本听不进去，她始终不甘心在一个平凡的公司，做一份平凡的工作，过一辈子平凡的生活。她坚信，自己不但有"公主病"，而且有"公主命"。

　　那时候，私底下过得拮据无比的小慧却常常出入各种高端会所，私生活也越来越混乱。因为价值观不一致，渐渐地，我们便疏远了。

　　或许，努力在什么时候都不会辜负我们，在努力了小半年后，小慧真的遇到了她相中的真命天子——一个闯荡世界各地、见多识广的商人。很快小慧便被他迷住了。

　　在一起后，小慧和商人曾请我吃过一顿饭。饭桌上，商人侃侃而谈，而小慧则一脸崇拜地告诉我，她准备辞职了，既然找到了良人，就不想再那么辛苦工作，而且，商人也希望她以后做全职家庭主妇。

　　当时，我有一种强烈的"小慧被迷住"了的感觉，于是便劝说小慧多了解一段时间再做决定也不迟，可是一头扎进去了的小慧根本听不进去，很快便办理了离职手续过起了"富太太"的生活。

　　后来，我们便失去了联系。半年后的一天，小慧突然打电话给我，她在电话里哭得撕心裂肺。原来，商人其实是有家室的，不久前，商人的太太发现了小慧，那个口口声声说爱她、保护她的男人，为了平息妻子的怒火，当天晚上便抛弃了她。

　　这下，小慧做"富太太"的梦想彻底破灭了，不仅如此，她还丢掉了自己的爱情，以及赖以生存的工作，人生的脚步被彻底打乱了。

或许，这便是走捷径的苦果。

人的一生，很长也很短，而衡量生活意义的，不是生命的长度，而是生命的深度。要想让自己的生命更有深度，就一定要一步一个脚印，慢慢走。无论我们向往的是哪种生活，平凡也好，奢华也罢，都一定不要在冲动和功利之中，打乱自己的步伐；不要因为爱慕虚荣就盲目追寻，而忘记了生活的初衷和意义。

对于那些正站在物质与欲望的路口，彷徨迷失的人而言，不如好好想一想，那样的生活真的充实吗？快乐吗？有意义吗？是自己想要的吗？如果答案是否定的，别犹豫，及时调整自己的步伐，一切都还来得及。

人生漫漫，没有捷径，而只有曲径通幽的羊肠小路。所以，不要急，不要慌，一步一步，踏踏实实地走，总有一天，那些笃定的脚步，会让你走出自己的繁花似锦。

# Chapter 10 / 人生苦短，
## 必须性感

"靠天靠地不如靠自己"，唯有靠自己你才能活得坚强独立，褶褶生辉。人生苦短，这辈子总要努力为自己活一次，哪怕命运待你不公，也不要轻易认命。唯有努力赚钱，努力让自己变得更加优秀，闪闪发光，你才能活出性感而高级的姿态！

# 不想认命，就得努力改变命运

世间之人皆爱美。不管是男人还是女人，都希望美貌为自己赢得赞赏与肯定，并给自己的生活和事业带来便利。但，外在的美是次要的，唯有心中有底气，人生才能魅力四射、光芒万丈。

诺诺是我表妹的同学，我们是在人山人海的人才市场中无意碰到的，诺诺就如同她的名字一样，整个人看起来唯唯诺诺。

至今我还记得那天在人才市场见到她的情景：个子矮小，皮肤暗黄，笑起来眼睛眯成一条缝，整个人看起来土里土气的，一点年轻人的朝气都没有。

那时，她正拿着招聘企业不屑一顾的简历，站在展位前若有所思，看到我们后勉强挤出了一丝笑容。

自那以后，我没有再见过她，只是偶尔会想起她，会替这个没有颜值又不出众的姑娘担忧，在就业形势这么严峻的情况下，她能走多远？是否会像那些被生活磨灭了棱角的人那样，随便谈场恋爱然后把自己嫁掉。

后来，从表妹那里断断续续地听说了一些诺诺的情况，她没有被现实给无情击垮，而是一直都在努力提升自己。听说后来专升本了，又报名学习了古筝和烘培，后来又去考了本校的研究生……

诺诺后来的故事，我一直都是听说的。

直到今年，偶然在一次研讨会上我见到了作为颁奖嘉宾的诺诺。如果不是主办方念到名字，我还真认不出来，眼前的诺诺，穿着得体的衣服，画着淡妆，带着一副框架眼镜，脚穿一双高跟鞋，虽然五官依旧不够精致，但整个人看起来却显得很有气质，举手投足间更显得优雅从容。

看到诺诺的变化，我很惊讶，便在活动结束之后主动去找她聊了聊。诺诺告诉我，在找工作时也曾度过了一段灰暗的岁月，那时的她真想冲动之下把自己嫁出去。可是，那时的自己一点也不优秀，自然也找不到优秀的另一半，但她也不想就此认命。

不想认命，就得努力改变命运。想了想，诺诺觉得逃避也不是解决问题的办法，唯有改变自己提升自己，才能让自己底气十足，才能让自己不被人轻视。

抱着"人丑就要多读书"的想法，诺诺一门心思投入到了学习中，当身边那些像花儿一样漂亮的同龄人因为天生丽质而肆意挥霍青春、享受生活时，诺诺却挑灯夜战奋斗至凌晨。

这一路虽然走得艰辛无比，但诺诺却坚持了下来，因为她知道想要得到什么就一定要先学会付出，付出越多得到的才会越多。她还利用空余时间去学习了古筝和烘培，从气质上、从技能上来综合提升自己。

苦尽甘来后，诺诺迎来了属于自己的春天，改写了自己的命运。研究生毕业后，她得到了留校任教的机会，并在之后，认识了一位志同道和的企业高管。相处几年后，二人便携手走进了婚姻的殿堂，过上了幸福美好的生活。

看到诺诺的蜕变，有些人是否想起了自己的过往？是否悔恨当初，如果自己也能像诺诺这样努力修炼自己的底气，今天的境遇是否也会完全不同呢？

与那些要身材有身材、要脸蛋有脸蛋的人相比，诺诺几乎是一无所有，正因为一无所有，诺诺才能不靠天不靠地，凭借辛勤努力为自己的后半生赢来了幸福与安稳。

说起底气十足励志女性的代表，就不得不提一下娱乐圈的才女徐静蕾。很多人喜欢她的知性优雅、温婉从容，但我却唯独喜欢她身上那份独立自信的样子。

当年娱乐圈的"四大花旦"中，章子怡、赵薇、周迅都早已嫁为人妇，只有她依旧是一副不紧不慢的样子。她曾坦言不想通过婚姻来证明自己的爱情，也不需要一纸证明来帮助自己获得安全感，所以她恋爱多年却不结婚，冷冻卵子，只为日后不留遗憾。

这个有才情的女人，每走一步都和别人不一样，她不惧世俗的眼光，也不理会他人的看法，只为活出最真实、最有底气的自己。

说她有底气说她特别，是因为她的才情真不是一般娱乐圈女明星能够比拟的。写得一手好字的她因书法优雅携手方正电子发布了"方正静蕾简体"，创立过《开啦》电子杂志，当过博客女王，做过演员和监制，也曾自编、自导、自演过电影，还曾做过《最强大脑》节目特邀嘉宾，《跨界歌王第三季》首发演唱嘉宾。

38岁以后，她离开了娱乐圈，去国外读书给自己重新充电。之后，她又一边学做陶艺和其他新技能，一边完成自己的影视新作品。

她做每件事，都随心而欲，从不在意外界的看法，想做什么便去做了，并把每一件事情都力求做到最好。所以，她的人生活得越来越精彩，底气越来越足，走到哪里都闪耀着光芒。

很多女人都羡慕徐静蕾，都渴望自己的人生能活成她那个样子，可是光羡慕又有何用呢？她今天的自信与底气，才情与能力，都是她一步一步努力拼搏而来的，你不努力又如何自带光芒呢？

每个人的成功都绝非偶然，你只有积累了一定的实力，才能有足够的底气在未来淡定从容地生活。

很多人常常觉得天生丽质肤白貌美就是自己的底气，她们轻易放弃自己的人生目标，任凭自己在纸醉金迷的世界里沉沦。当然，这其中也不乏一些相貌平平却心高气傲之人，整天做着白日梦不说，还自我安慰："努力了又怎样，将来还不是要嫁人生子，围着老公孩子转？"

正所谓"靠天靠地不如靠自己"，你若靠男人，谁知他们不会有变心的时候呢？你若靠美貌，可美貌只停留在青春啊！再好的美貌也会随着时光而流逝。

说到底，唯有靠自己才是最实在最靠谱的。靠自己的什么呢？当然是靠实力、靠才情、靠技能、靠底气了，只有这些才不会随着时间而流逝，不会轻易对你变心，只会与你相依相伴永远不离不弃。

美貌只能起到锦上添花的作用，底气才能让一个人魅力十足光芒万丈，受到众人的喜欢与尊重。不管你是天生丽质还是相貌平平，都不要将未来的希望寄托在他人身上，如果你不想自己的命运就此平庸，依附于他人而活，那你要做的就是努力提升自己，改变自己的命运，活出自己成功的样子。

# 你若真正强大，又何需依靠他人来包装自己

我在一家餐厅等人时，邻桌有两个女孩一边吃饭一边聊天。她们讲话的声音稍稍有些大，所以很不幸，她们的讲话内容被我听到了。

可能她们是相识不久的同事吧，因为她们刚开始的谈话内容无非就是一些简单的问候，老家是哪里的，哪里上的大学，学的什么专业之类的问题。

在等待朋友的过程中，我本来对这些话题是不屑一顾的，也觉得这样听别人的聊天内容是件不太礼貌的事，可听着听着，我便有些坐不住了。

为什么呢？因为其中一个女孩三句不离自己的男朋友，有意无意非要把自己的男朋友牵扯进来。这里就暂时用A和B来代替她们的名字吧。

A：我老家是重庆的，去那边旅游的人很多，重庆现在已经变成网红城市了。

B：是呀，重庆的美食挺出名的，我之前跟男朋友一起去玩过，可惜他不喜欢吃辣。

B：你前几天请假是干嘛了啊？

A：噢，去了趟北京，有个朋友在那边办婚礼，我去做伴娘。

B：北京物价好贵啊，去年我男朋友在北京中关村那边实习的时候，租的房子月租都要上万呢，让他租个便宜点的吧，他说那边的房价都是这样的。

B：哎，你刚说你大学是在深圳上的是吧，我男朋友也是在那边上的大学。这不，我们谈婚论嫁准备在深圳买房时，就限购了，你说我这倒霉不？

看A的表情，对于B有意无意地炫耀自己男朋友的做法，已经有了些许不满，但A还是一脸笑意地说了一句恭维的话："你男朋友好有本事呀，对你又好，你可真有福气呀！"

B听到A的赞美，一脸的欢呼雀跃，双方简单地聊了几句便结束了交谈。

B的故事，只是众多冰山中的一角。现代社会，很多女孩自身条件一般，找了个不错的男朋友，就总喜欢当着他人的面吹嘘自己的男朋友如何帅、如何多金、如何温柔专一。现代的社会，早已从攀比生活费、攀比伙食好坏的年代过渡到了攀比男朋友的阶段。

正如有句话所说"经济基础决定上层建筑。"所以，这也引发了现在很多未婚女青年择偶的重要标准之一便是有车有房、工作稳定有一定的经济基础，这样的对象才是众人眼里的香饽饽，才会更容易受到女方的青睐。

记得有次参加一个朋友聚会，吃过饭大家都坐在一起闲聊。其中有个女生开始抱怨，现在的物价上涨太快，赚的工资还不够每月的消费，每次去逛街都是看得多买得少，因为钱包瘪得太快。

这时，另一个打扮时髦的女生就站出来说，她从来都不为这些事情担心，只要觉得好看，喜欢就会买，因为她有一个坚强的后盾，收入不菲的男朋友发了工资就会主动给她买，还会往她卡里打好几千的零花钱。

在座的其他人听到这个女生的话，都面面相觑不知该如何接茬儿。这让我想起了我身边的一些朋友，她们工作好、家世好、有能力、有颜值，靠自己就把生活过得有滋有味，光鲜亮丽。

可她们并没有就此停滞不前，而是努力自我增值，因为她们觉得靠自己才是最厉害的。哪怕男朋友再有能耐，只能证明自己眼光好，并不能以此来证明自己的存在价值。

一个人价值如何，只能通过自身的建树证明，而不是依附于他人的成就。

作家三毛曾说："当我们不肯探索自己本身的价值，我们过分看重他人在自己生命里的参与时，孤独不再美好，失去了他人，我们便惶惑不安。"

也只有像三毛那样，勇于探索和独立追求自己的价值，才能在丈夫荷西逝世后，顽强地自我疗伤，并继续创作；才能在有限的生命中发光发热，为后代留下许多佳作。

就连她的父亲陈嗣庆也说："三毛的一生，是掌握了自己的人生意义而活，所以她的人生是一场尽兴的'燃烧'，无怨亦无悔。"

有人说，在这个时代，努力挣钱、合法挣钱是一个人最有尊严、最有体面的生活方式。这话我同意。就如同网上有句话说的那样："没有钱，你拿什么维持你的亲情、稳固你的爱情、联络你的友情，靠嘴吗？别闹了，大家都挺忙的，没空！"

虽然挣钱很累，但不挣钱只依靠他人你就不累了吗？同样也累，因为你花着别人的钱，就要看别人的脸色行事啊。所以，女人只有努力让自己强大起来，才能更踏实、更有安全感。

林宛央曾经写过：比公婆，比爹妈，比老公，都没什么劲儿，哪有比拼梦想的up值，以及女人的GDP（生产总值）过瘾。

作为女人，当你整体强大，努力赚钱给自己花的时候，你就会发现，提升自己的经济基础比一味地炫耀男朋友本事大，依靠男朋友的能力来包装自己更容易引起他人的兴趣，获得他人的赞赏。

当然，炫耀自己挑人的眼光好没错，夸奖下自己的男朋友能力强也没错。可是，姑娘，你得认清一个事实，每个人都是一个独立的个体，男朋友取得的骄人成绩并不能代表你，而你也不是男朋友的影子，你们是两个相爱的人，但不是两个可以叠加的人。

你若顶着他人的光环招摇过市，冒充他人的名义以次充好，依靠他人来包装自己，终有一天会露陷，到那时，如果你分手了，如果对方经济没落了，那时，你又该如此自处呢？

这就好比，你手里挎着一个国际大牌的包包，但这并不意味着你就是个富二代，是个月入上万的高级白领，你得靠自己的经济基础才能吸引人的眼球。

就像《欢乐颂》里的曲筱绡之所以受到很多观众的喜欢，并不是因为她富二代的身份，也不是因为她喜欢的赵医生有多帅，而是她不依靠老爸、不依靠男朋友、不养尊处优，拼命让自己强大的那股子不服输的干劲，吸引了观众的目光。

见过的人越多，经历的事情越多，你就会逐渐明白这样一个道理：女人只有努力用成就来衬托起自己的明天和希望，才不至于整日患得患失担心对方离去，担心那些不着边际的事。

与其在他人面前吹捧自己的男朋友如何了不起，倒不如努力提升自己的经济基础，让自己的钱包先鼓起来，让自己变得强大。

你若真正强大，又何需依靠他人来包装自己呢？你若真正强大，身边的人都会为你鼓掌喝彩。

当你努力创造价值努力赚钱时，你的能力自会让你变得出众，到那时你不必借用他人的光亮来照耀自己。你就是你，勇敢做自己的太阳，无需凭借谁的阳光！

# 当你优秀时，连"敌人"都会为你喝彩

朋友的公司开在市中心一栋高档写字楼里，有天去那边办事，顺便去看望下这位老朋友。去的时候不凑巧，朋友正好在开会，我便一个人坐在办公室等她。

中途，去了一趟卫生间，刚进去便听见一阵急促的脚步声，有人边打电话边走进来，紧接着听见门吱呀响了一声接着又关上了。

打电话的女孩一边小声的哭泣一边不停地向电话那头的朋友抱怨："我实是在忍受不了了，我又没得罪他，但他总是一而再再而三针对我！"女孩越说越激动。

女孩的朋友似乎是在劝她要忍耐，要大度，但女孩听了之后，却十分不情愿地说："我才不要向对方的恶势力低头呢？我讨厌他，更不想见到他，我要辞职。"

看样子，这位打电话给朋友诉苦求安慰的女孩，遇到了一位十分难缠的对手，对方不仅故意为难她，还经常给她脸色看。

不管是在生活中还是在职场中，我们都会遇到形形色色的人，有些人生性善良乐于助人，我们与之相处会很融洽，这样的人自然能成为朋友。可也有一些人，对谁都充满敌意，浑身像长满了刺的刺猬一样，见谁都得刺一下心里才会痛快。

遇到这样的"敌人"，再好的心情、再好的修养都会被抹灭得一干二净。本来工作压力就大，再加上还有一个"刺猬"在你旁边，随时准备将你伤得体无完肤，这种情况下，心情哪能愉悦得起来？

当然，也有人认为，这样的"敌人"在身边可以更好地激励自己，刺激自己的干劲。因为那种战胜对手打败对手、所获得的快感，要比表扬来得更强烈一些。

不管是激励也好，还是刁难也罢，"敌人"就是"敌人"，他绝不会因为你的逃避或妥协就乖乖地消失在你面前。所以，对于女孩所说的辞职，我不太认可，毕竟逃避并不能有效解决问题。

你又不是人民币，自然做不到让所有人都喜欢你。即使你貌美如花，能力出众，和蔼可亲，依然会有人讨厌你。不信的话，你可以去找那些职场前辈们问问看，刚踏入职场时，谁不是从一只菜鸟一步一步小心翼翼走到今天的？谁不是历经了千锤百炼才站稳脚跟的？

如果仅仅因为对方的讨厌与排斥，就冲动地转身离开，那也未免太过脆弱。因为他人的敌意而逼走了自己，给对方留下了胜利的曙光，这实在不是明智之举。

表面看起来好像是解决了问题，可你能保证离开了这家公司，去下一家就没有人针对你吗？如果下一家还是这样，那你是不是打算就这样一直逃避下去呢？

一直逃避的人生有意义吗？它能让你得到什么呢？显然，什么都没有，它只会让你变得越来越懦弱胆小，失去勇于承担事情的勇气。如果你不想因此而颓废，那么，你就得坚强起来，勇敢地面对"敌人"，用自己的"武器"打败他、战胜他。

表妹公司有个叫童童的女孩，据说是才女一枚。童童不仅性格温和，为人友善，对待工作也特别热情。可就这么一个招人喜欢的姑娘，一进公司却遇到了一个性格古怪的同事。

领导让那位男同事带新人，可对方阳奉阴违，当着领导的面对童童说："有什么不懂的尽管问我。"私底下却一次次拒绝童童的请教，说："你自己先学着吧，等我忙完了再说。"可这一忙，就从上班忙到了下班，显然有意不想教。

为了缓和与对方的关系，童童也曾尝试用各种办法向对方表示自己的友好，可对方呢？要么沉默应对，要么说话冷冰冰的。不管童童怎么委屈求全，对方就是一副爱理不理的样子。满腹委屈的童童无计可施，只好多做事、少说话，并在心里祈祷希望哪天对方能改变对自己的成见。

一天，领导安排那位男同事写一篇针对时下热点新闻的文章，看到童童也在，就顺嘴说了一句："童童来了这么久了，也可以尝试着写写看，写完后让他（男同事）帮你看看。"

怀着忐忑不安的心情，童童在下班前将文章写好并打印出来给了对方。可对方接过去看都没看就直接丢在了一旁的办公桌上。

后来，领导采用了男同事的那篇文章并表扬了他，说他的文章声情并茂、独特有新意，听到领导的表扬，男同事的脸上洋溢着喜悦。

此时，童童才恍然想起自己写的那篇文章还没有得到对方的提点。散会后，童童把两篇文章调出来放在一起对比，想从中看下对方文章中的可取之处，可看着看着，她的心中便升起了一股无名之火，这哪里是对方所写，很明显是对方在个别用词和语法上做了一定的修改，但核心内容都是童童的创意。

虽然童童性格温和，心胸豁达，可遇到这种恬不知耻的人，内心也极为愤怒。她去找对方理论，可对方却脸不红心不跳地怼她："你凭什么认定是我抄袭了你的创意，难道只有你一人能想到，我就不能吗？别忘了，我可是你的前辈，比你有工作经验，就算你去告诉领导，他们也不一定会相信你。"

显然，对方早已想好了万全之策，就像他说的，他是前辈有经验。想到这儿，满腹委屈的童童眼泪便在眼眶里打转，回到座位上，越想越生气的她开始写辞职信。

写着写着，不争气的眼泪忽然就下来了，她连忙躲到卫生间哭了一会儿。擦干眼泪回到办公室，她看到男同事在座位上一副洋洋得意的样子，童童敲击键盘的手便慢慢停了下来，她想："错的人明明是他，我这样一走，不正中他下怀吗？不行，我不能就这样认输。"

接下来的日子，童童不再主动搭理对方了。有什么不懂的问题或需要请人帮忙的，她直接找别的同事，本身就是才女，再加上勤奋努力，很快就在工作上展示出了自己的实力。

在此期间，男同事偶尔也会对表现出众的童童心生不满，但又有什么关系呢？此时的童童已经不再像之前那样在乎他的态度与感受了。后来，能力出众的童童被领导表扬成了常事，见惯了这一切，男同事的反应便逐渐淡了下来。

之后的某一天，听说男同事合同期满，公司没有找他续约，听到这事，童童内心还有一丝高兴。

就在临走的那天下午，对方突然主动给童童发了信息，说晚上下班请她吃饭。接到这个意外的邀请，童童内心很是震惊，但还是出于礼貌回复了对方一个"好"字。

吃饭时两人都有些尴尬，童童不知道此刻的自己该说些什么才合适，而男同事却总是一副欲言又止的样子。犹豫了很久，男同事看了看童童，鼓起勇气说："之前那篇文章确实是我抄袭了你，在我走之前，我想认认真真地给你道个歉，对不起。"

内心有些被感动到的童童，冲对方微微一笑，说："算了，过去的事就让它过去吧！"

听到这话，对方有些不好意思，接着说："之所以冷若冰霜地对待你，就是希望你能知难而退离开这个公司。因为我听说领导招人进来就是有意想取代我的位置，所以我内心很不安，便想处处打压你，只要你能走，我的工作才能稳定。"

原来如此。百思不得其解的童童直到这一刻才明白事情的原委，原来让自己饱受委屈的原因竟然是这个。

停顿了一会儿，男同事举起手中的酒杯又说："在我眼里，其实你一直都很优秀，虽然你取代了我的位置，但我内心是服气的，希望你能变得越来越优秀。"说完，便一饮而尽。

人这一辈子，会不断结交到各种朋友，也会不断面临各种"敌人"。当你的优秀足以碾压到其他人的时候，就会有人因为嫉妒和仇恨而排斥你、打压你，而你想要拉拢对方得到他们的喜欢，无疑是白日做梦。

与其被"敌人"的挑衅自乱了阵脚，把时间浪费在一些费力不讨好的事情上，还不如逆风而上让自己变得优秀起来。当足够优秀的你用实力证明自己的价值，证明自己比他人强时，你便无需惧怕他人的刁难。因为此时，你的"敌人"会发自内心地赞赏你，为你鼓掌喝彩。

# 让自己活出高级的姿态

有句话说"女人十八一枝花，年过三十豆腐渣"。对于这句话，我并不认同，一个女人不管在什么样的年纪都可以活得像花儿一样灿烂。无关年龄，只关乎自己的心态与想法。

就像不老女神赵雅芝，虽然已经是60多岁的人了，但岁月在她脸上丝毫没有留下痕迹，反而越活越年轻。可现实中，又有多少女人能像赵雅芝那样，让自己越活越高级？

很多女人在30岁左右的年纪就诚惶诚恐，害怕自己变成剩女。她们满脑子想的不是让自己活得优雅与知性，而是赶紧想办法解决自己的终身大事。

遇不到合适的就感叹自己运气不好，步入了婚姻的殿堂又整日忧心忡忡，或是担心某一天人老珠黄被人嫌弃，或是抱怨婚姻的围城束缚了自己，哀怨来哀怨去，差点让自己变成了"祥林嫂"。

这样的生活，恐怕没有一个人会喜欢。然而很多女人却自欺欺人地说："大部分步入婚姻家庭中的女性不都是这样的吗？"

错，女人活成什么样，完全取决于自己的心态与想法。

我的同事梅姐就是一个把自己的平凡生活活出高级感的优雅女性。几年不见，梅姐依然年轻，面色红润，容光焕发，整个人看上去也非常有气质，一点都不像某些同事私底下议论的萎靡不振的模样。

前几年梅姐是公司的行政主管，每天忙得不可开交，但处理各项事务却井井有条，所以深得老板的赏识。可就在事业一片光明时，她却递交了辞呈，回家相夫教子去了。之后偶尔能在朋友圈看到她发的一些动态，每天除了晒娃，就是发一些花花草草的照片，看得出来，她的日子过得挺滋润、挺惬意。

对于梅姐当初辞职，很多同事羡慕梅姐的那份勇气。不曾想，三年不到，潇洒的梅姐又回来了，重返职场过起了朝九晚五的生活。

"冲动是魔鬼"，这下子，当初那些羡慕梅姐的同事开始暗自庆幸，幸好当初没有一时头脑发热向梅姐那样潇洒转身，否则还是得乖乖回到职场上来，成为他人茶余饭后的笑料。对于同事们背后的议论，梅姐一点都不在意，像个没事人似的认认真真做着自己的本职工作。

每次看到梅姐脸上洋溢的自信，散发出的魅力，我便在心中感叹，她的人生活得有滋有味，活得太高级了。

她做什么从来不需要征求这个人或那个人的同意，也不需要犹豫不决再三斟酌，她想做什么便立马去做了。想回家相夫教子，便立马辞职；想去旅行，说走说走；想重返职场，就马上回来。她说什么、做什么从来不需要仰人鼻息，从来不让自己活成他人的影子。

三十多岁的女人，想干什么就干什么，活得特立独行，活得潇洒自如，这样的人生，难道你不觉得高级吗？我之所以觉得高级，是因为这样的生活并不是人人都能驾驭得了的，人人都可以率性而为。

随着时间的流逝与年龄的增长，这个社会逐渐把女人变成了两种不同类型的人，有的人越活越滋润，有的人越活越失意，究其原因，不过是心理上的满足感不同而已。

活得滋润的人，自己做人生的主人，内心感到踏实与满足。活得失意的人，眼里看到的全是别人的幸福，自己的痛苦。心理上得不到片刻的满足，人生自然失意，这样的人哪里能活出高级感。

我有个表妹，不仅长得漂亮乖巧，学习成绩也特别好。从小，她就是在大家的表扬声中长大的，她就是传说中的"别人家的孩子"。从小学到初中、高中、大学，成绩一直都遥遥领先，毕业后更是工作稳定，家庭幸福美满。

可是，就这样，表妹还不满意，每次过年走亲戚大家碰在一起时，她便向我吐槽她失意的人生，吐槽自己去参加同学聚会时，读书时那些样样不如她的人，如今却混得风生水起，赚得比她多，过得比她好。再后来，同学聚会她干脆不参加了，她说眼不见心不烦。

我知道，表妹是不想受刺激所以才选择逃避。但你怎知，你在羡慕他人的生活时，他人没有羡慕你呢？明明可以把自己的生活经营得很幸福，活出优雅而高级的姿态，却偏偏追逐着别人的影子，让自己失去了高级的资本。

就像表妹那样，总拿过去的自己跟别人的现在比，比来比去反而比出了一大堆烦恼与忧愁。既不肯放下过去的荣耀，又不肯正视现在的生活，整天怨声载道悔恨命运的不公。可是，又有何用呢？

三十多岁的人了，如果你还没有看清自己的内心，还在用别人的标准来衡量自己的生活，那我只能说你很幼稚，你离高级的生活还差着十万八千里的距离。

正如人际关系学家卡耐基在《人性的弱点》中说：

成熟的人会适度地忍耐自己，正如他适度地忍耐别人一样，他不会因为自己的一些弱点而感到活得很痛苦。不喜欢自己的人，表现的外在症状之一就是过度自我挑剔。适当程度地自爱对每一个正常人来说，都是健康的表现。

一个女人，只有发自内心地喜欢自己，才不会对自己过度挑剔。也只有内心成熟，才不会被外界的事物所影响，才不会被他人的闲言碎语轻易打败。

　　经常逛公园的人一定会看到这样一幕：同样是头发花白的老人在公园散步、锻炼身体，有的人精神矍铄笑口常开，有的人垂头丧气愁眉苦脸。看着每个人不同的表情，你就会知道，他们每个人的生活状态如何。

　　想要自己的人生越活越高级，想要自己的人生越活越得意、越活越轻松，你就得笑对生活。即使生活给了你无情的打击，你也能笑着说："怕什么，大不了重头再来。"

　　就像之前有个朋友问我："人这一辈子到底要挣多少钱才算够？"我说："人的欲望是无止境的，具体挣多少钱才算够，那得取决于你的安全感有多少，有些人可能一辈子都感受不到安全感。"

　　住什么样的房子，开什么样的车，并不能减少或增加一个人的安全感系数，也不能阻止一个人内心对生活的忧虑。因为不管处于何种生存状态，人的内心总会有不稳定因素的存在，总会患得患失。

　　说到底，是不够爱自己，是心态的认知问题。一个人只有放宽心态，从心底里接受自己的一切，正视眼前的生活，并放眼于长远的未来，才会懂得欣赏自己的优点，发扬自己的长处，往后的日子才会越过越轻松，自己才会活出高级的姿态。

# 你的褶褶生辉，源于你对生活的热爱

生活中，不乏一些特立独行的女子，她们既不像普通女子那般陷入琐碎的生活中无法抽身，也不似一些精致的女子一样永远把自己打扮得光鲜亮丽。可她们却十分热爱生活，享受生活带来的趣味，所以她们不管走到哪里都自带光芒，神采飞扬。

前几天，远在深圳的好友悠悠给我分享了几张她新家的照片。

辛苦奋斗了十多年，悠悠终于在寸土寸金的深圳郊区买了一套房子。虽然是老小区的二手房，面积不大只有70多平方米，但这一切足以让她欣喜若狂。

拿了钥匙后，她便加紧装修，装修时还特意发图片让我帮她参考，并说："亲爱的，祝福我吧，你看，我终于有了自己的地盘！"

悠悠是谁？

她是我多年的好友，是一名自由撰稿人。在做撰稿人之前，她也曾在世界500强企业上过班，也曾做过她梦想中的记者行业，偶尔也兼职写稿。后来结婚怀孕后反应太大，便辞去工作在家做起了全职妈妈，孩子稍大一些后，她便重新拾起热爱的文字，做了一名职业撰稿人。

一边带娃，一边写稿。在此期间，热爱生活、热爱烘焙的她还写了一本关于烘焙的书，把自己的烘焙经验都写在了里面。

有了属于自己的房子后，悠悠的第一件事就是将厨房改成了开放式，因为面积不大，便在灶台下面做了一些方便收纳的柜子，以节省空间。当然，悠悠也没有忘记留一个供自己烘焙的小地方，做自己最喜欢的烘焙。

有空时，她会在小厨房忙碌，一边做着让人心情愉悦的甜品，一边听着优美的音乐，当做好的成品进入烤箱后，躺在阳台的摇椅上，享受着温暖的阳光，呼吸着清香扑鼻的面包香，心情仿佛像盛开的花儿那般灿烂。

在慵懒的午后，一边写稿一边喝茶，和孩子一起享受烘焙的过程，生活过得如此惬意而舒适。就连三岁的孩子在一旁看着妈妈做这些时，内心都会由衷地发出感叹："妈妈，我每天都好幸福呀！"

如今这个社会，漂亮的女人很多，会赚钱的女人也很多，可是懂得生活、把平凡的日子过成诗过成画的人，却少之又少。因为大多数女人在受到挫折打击或心灵伤害后就把自己变成了一只"刺猬"，不轻易让人靠近。

但我想说，生活是自己的，如果你自己不走出来不热爱生活，你又如何去感受生活的另一面美好呢？

这让我想起了另一个朋友，她是一个被感情伤得体无完肤的人，庆幸的是哭过、恨过、痛过之后，她终于走出了那段灰暗的岁月，过起了怡然自得的小镇生活。

如今的她在自己家乡的小镇上开了一间茶行，除了卖茶，以茶会友之外，她偶尔也会在黄昏时到江边的长廊上散步，看夕阳西下，听一段好听的音乐，放松自己的心情。

不得不说，这位懂得自我疗伤的朋友是聪明的，将感情中的痛苦转变成了生活的力量，她没有在受伤后意志消沉颓废不堪，而是潇洒转身以一种淡定从容的姿态将往后余生过得如诗如画，将自己变成了自带光芒的女人。

这就是生活，不管你如何排斥、如何欢喜，那些好的坏的都不会因你的想法而改变，它们反而会齐刷刷地向你袭来，打乱你的生活节奏，甚至还会将你原本平静的生活弄得一团糟。

这种情况下，你就要用自己的聪明睿智和宽容大度的心态坦然面对这一切，用自己的坚强不屈战胜这一切，如此你才能越挫越勇，享受生活的那份甜蜜！

堂弟单位有个女同事，结婚还不到三年，孩子才刚满一岁。很不幸，在单位一次例行检查时查出了肝癌。正是花儿一样的美好年纪，却突然遭遇了这样的不幸，这让才三十出头上有老下有小的她，怎忍心离去。

怀着对生活的不舍，对亲人的不舍，她忍住心底的悲伤，去省城重新做了检查，确诊是肝癌后，她赶紧请了病假，并以最快的时间预约了专家进行手术，手术后化疗、静养，一年后再去复诊，癌细胞没了。

当身边所有认识她的人都在感慨生命无常时，她回来了。

不仅回来了，整个人看上去都恍若重生了一样。不仅皮肤变得光滑有弹性，精神更是容光焕发，这哪里像是一个鬼门关前走了一遭的人，分明就是一个健康充满活力的人。

单位同事不解，问她原因，才知道原来手术化疗之后，她不仅遵照医生嘱咐在各方面严格控制，锻炼身体补充营养，还时刻让自己保持一种愉悦的心态。后来待身体恢复一些后，又学习插花、练习瑜伽，隔三岔五约上几个好友外出旅游，放松心情。

虽然，在此期间也曾经历了两次意外，又是重症监护室又是全身输血，但好在经过抢救，终究还是捡回了一条命。就像她自己所说，在鬼门关前走了几次，已经让她对生活有了一个全新的认识，人生苦短，一切想开了也就好了。

所以，现在的她既不悲观厌世，也不怨天尤人，她觉得每一天都很美好；所以，她热爱生活，将自己原本灰暗的人生过成了光辉灿烂的日子；所以，现在的她过得很好，活得舒适惬意。

生活是什么？生活是柴米油盐酱醋茶，是吃喝拉撒睡，是生老病死，在在得到与失去中不断循环的一个过程。人生在世，每个人都会经历这些，但你把生活过成什么样，则取决于你的智慧和心态。

作家杨绛，在先后经历了丈夫和女儿的离去后，即便一个人也积极乐观地面对生活，并曾在她的《百岁感言》中说："我们曾如此渴望命运的波澜，到最后才发现：人生最曼妙的风景，竟是内心的淡定与从容……我们曾如此期盼外界的认可，到最后才知道：世界是自己的，与他人毫无关系。"

每个人的生活都会历经酸甜苦辣，历经一些不如意之事，最难能可贵的是一个人在经历了生活的种种失意之后，还能以一颗积极乐观的心态来面对生活、热爱生活，感叹世间的美好，这才是最值得赞赏的。

当然，也有一些女人在历经挫折与打击后，自暴自弃让自己的人生随波逐流，任自己在大好的青春年华里虚度光阴意志消沉。待年华老去，恍然回首，却不停地哀叹，我的人生为何这样？我怎么丢掉了自己的初心？

可是，热爱生活就不会呀，热爱生活的女人朝气蓬勃顽强独立，热爱生活的女人乐观开朗笑对生活的酸甜苦辣。

你的褶褶生辉，源于你对生活的热爱。唯有热爱生活，才能闪闪发光自带光芒，把生活过得诗情画意，活成自己最希望的样子！

# 再不用力活，真的就老了

不久前，我忙里偷闲，订了去泰国的机票，来了一场说走就走的旅行。

飞机是清晨的，因为忙着处理手头的工作，前一晚，我几乎没有睡。在登机的前夕，我突然感觉头脑发晕，胸口发闷，眼前的一切都变得昏暗起来。索性，不一会这种状况就得到了缓和。有那么一瞬，很想放弃旅行，刚好飞机来了，便硬着头皮上去了。

在飞行的过程中，我不止一次地害怕自己会突然猝死。这些年，因为工作的原因，我常常会熬夜，身体也始终处于亚健康状态。至今，我仍然对那次飞行记忆犹新，也正是在那个过程中，我突然意识到，原来我们的生命这么脆弱，原来上帝将我们送到人世间，是随时可以将我们接回去的，原来我们就像半空中那透明的雨滴，从下降的那一刻起，便等待着陨落、蒸发和干涸。

翱翔于三千米的高空，望着窗外蓝盈盈一片，我第一次发觉，原来在浩瀚的宇宙之中，我们如此渺小。

幸运的是，直至飞机降落，我的身体也没有出现大的状况。我不由得松了一口气，意识到，应该只是因为早起劳累而产生的不良反应。可是也正是这次不良反应，让我的心态也产生了奇妙的化学反应，产生了一种再不用力活真的就老了的感慨。

想到在这之前，自己总是因为一些诸如快递小哥没有及时将东西送达、去上班的路上突然下雨、轻微咳嗽久而不愈等鸡毛蒜皮的小事生气，深感不值。这些琐碎的、无关紧要的小事，其实真的不值得我们烦恼。遗憾的是，仍然有太多的人，陷在琐碎的泥潭里，因为一点小事，就感觉被世界折磨。

今年上半年，我曾经历过一个工作懈怠期。那时候，我每天忙得像陀螺，虽然工作进展一直很顺利，但在那个过程中，我需要四处协调、核对，需要和各种瑕疵交战，每天都被各种琐碎填满。过程是艰难的，情绪也是真实的，到最后，几乎每天一起床，脑海中就会跳出一个声音："要不就不做了吧！"

让我彻底爆发的是某次核对数据时，助理的一个错误数据，为此，我大发了一通脾气。当天晚上，我失眠了，不是因为助理的那个错误数字造成了多大的影响，而是觉得一切糟糕透顶，自己已经无力应对疲惫的生活了。

然而，一切真的有那么糟糕吗？其实未必。糟糕的，只是自己的心态，疲惫的，只是自己那份对生活的热爱。现在回想起来，其实那时候的我，有什么好抱怨的呢？有人爱着、有钱挣着、有工作做着，一切已经很完美。

所以你看，真正感觉过不下去的，其实是心态，而不是生活。

曾经在微博上读到过这样一句话："就像毛衣一样，我们人类跟任何一种生活摩擦久了都会起球。"

我觉得这是一种很形象的形容。所谓的"起球的日子"。大约就是这样的：明明手握大把的青春和美好年华，却偏偏陷在琐碎的小事中不可自拔，被莫名的烦闷绊住了脚跟，过早地失去了对生活的探索欲望，看不到生活的激情和阳光。

前两天和朋友聊天，朋友沮丧地对我说："不知道为什么，总感觉人生打不起精神。以前，以为是自己太穷，享受不起人生，可是等到自己能挣钱了，却发现，变得更有钱后，除了刷信用卡更大方了以外，其余时候，仍然过得不开心。"

回来后，我一直在思考朋友的话。我想，很多时候，我们之所以觉得不快乐，其实是因为我们并没有真正享受自己的人生，我们也并没有真正地热爱生活。大多数时候，我们只是在时代的激烈竞争里，拼尽全力地去为自己抢一碗粥，却并没有用心去体会喝粥的过程。试想一下，一个失去了激情的人，又拿什么去填满自己空缺的心脏呢？至于失去激情的原因，大约是我们对这个世界的理解出现了偏差。

当我们在社交网络上围观别人纸醉金迷、呼风唤雨的生活时，我们便对自己平凡的小生活产生了嫌弃；当我们的眼睛被各种各样的商业地标和品牌logo填满时，我们就觉得，买不起名牌的人生完蛋了；当我们在媒体上看到了那些耸人听闻的社会事件、那些撕破脸皮的争吵后，我们便会在内心感叹，这个世界真的越来越病态、越来越难以捉摸。

问题是，我们所看到的，其实并不是完整的真实世界。而我们拥有的、正在经历的生活，才是真实的存在。

曾经看过这样一段话：

网络社区逛多了，会觉得大眼小脸、蜂腰长腿的才叫美，但当你四处走走，看到街上追着气球奔跑的孩童，洋溢纯真喜悦的脸；看到跟你友好打招呼的皮肤黝黑的女孩，整齐洁白的牙齿；看到下午三点安安静静坐在糖人摊旁的老人，祥和地晒着太阳，你会觉得这些都是很美的，这些美是很广阔、很原始、应当被珍视的。

所以，这个世界其实不缺乏美，我们的生活，也是不缺乏乐趣的，问题的症结在于，我们看待世界的视角和我们对待生活的态度。世界从来就没有太糟糕，反倒是我们自己，被欲望充斥，被戾气填满，失去了一颗鲜活的、热爱生活的心。当我们永远抹去眼睛上的那一层灰，认真体会生活、拥抱生活，努力开阔视野，我们才不会在无谓的、无用的、无益的负面情绪中浪费美好人生。

在《我所理解的生活》里，韩寒曾经描述过自己某一次开车抛锚，被困在荒凉公路上的情景。他写道，在等待救援的那几个小时里，百无聊赖的他抬头望了一眼天空，当看到那浩瀚的、静谧的、宽广的星河后，他动情地感慨道："什么都太繁多了，什么也都太短暂了。"

事实上，生活在这个世界上的每一个人，其实都是夜空中最闪亮的星星。不可避免的，我们终将迎来白昼，终将从天空消失。人生短暂又无奈，我们没办法决定生命的长度，也没办法决定毕生的际遇，但我们却可以决定生活的厚度，让自己平凡的一生，过得更充实、更诚恳、更有意义。

所以，好好活，不然，你就真的老了。